设计与革新
DESIGN AND INNOVATION

关于未来设计的50种思考

50 WAYS TO CREATE THE FUTURE

太刀川 瑛弼

EISUKE TACHIKAWA

[NOSIGNER]

http://www.hustp.com

中国 · 武汉

致设计师朋友们：愿你们能够创作出自己梦想之物，

成为自己憧憬之人，而后终有一天，迎来自己向往之未来。

For those designers who wish to create what they wish to create,
to become a person they wish to be, and to realize the future they wish to see.

目　录

CHAPTER 1　设计的起点

CHAPTER 2　创造好的设计

CHAPTER 3　引发创新

CHAPTER 4　创造集体智慧

CHAPTER 5　创造未来的价值

CHAPTER 1

STARTING WORK

设计的起点

01　勇于开始，不要在意经验

02　直面失败，察纳雅言

03　一开始就学习最高水平的作品，然后超越它

04　将项目变成兴趣

05　分解有益于理解

06　正确认识做不到的事情才能进步

07　首先集中突破一点，而后慢慢拓展

08　看到了就要做，迅速着手尝试

09　从概率来思考胜负

10　把偶像当作对手

11　坚持寻找榜样

01

勇于开始，不要在意经验

It’s not about experience. It’s about trying.

如果你要从事一份毫无经验的工作，你会怎么做呢?

我首先想告诉你的，就是如何开始一份工作。无论是自由职业者、公司职员还是兼职人员，谁都会有第一次面对的时候，哪怕是奥运会选手，超一流的厨师，当然也包括设计师在内，最开始的时候大家都是毫无经验的新手。有些人总是断言自己无法完成没有经验的工作，但也有些人能够克服不安，敢于接受。我所推崇的是“尽力去做，就没有什么做不到”。**不要畏惧初学者的身份，要勇于直面挑战**。这样对方至少会邀请你共同参与。直接出击，也许就能赢得对方的信任，从而获得委托业务；就算没能成功，至少也没什么坏处。

我在读研究生的时候，认识了德岛县的木匠师傅们，在与他们合作的过程中，我逐渐成长为一名产品设计师。最初，我尝试着画了一些家具的设计图，结果不出所料，被抱怨道：“你这画的什么啊?完全看不懂家具到底是什么样子的。”在被说得这么过分后，我便开始全力学习绘图。终于慢慢得到了他们的信任，第二年我便被选中成为德岛县的专业木匠。大概也是同一时期，我的一个研究员朋友遇到了麻烦，他忘记制作四天后将要在东京大学尖端科学技术研究所集会上所用的宣传册了。于是，这便成了我接手的第一个平面设计类的业务委托。为了能赶上发行时间，这个项目只花了我两天的时间进行设计，之后便被匆忙送去打印店打印，最终勉强赶上了。因那时结下的缘分，我了解了尖端科学研究所不同的设计方向，但那时的我还不知道，它将会在未来成为我人生的某种契机。

如果一味在意自己没有经验，只会让自己裹足不前。**如果你的面前有你想要做的事，那么赶紧站在“击球员的位置上”吧**，击球的姿势只有在击打时才能学会。

Cartesia

2007 年

这是我在德岛县期间跟随本林先生学习时制作的家具，即可以朝两个方向移动的魔法抽屉。*Wallpaper* 杂志将其选入“世界最美抽屉集锦”中。

委托人：Motobayashi Furniture Co., Ltd.

02

直面失败，察纳雅言

Accept failure, and accept advice.

我在读大学的时候，有一天突然想到了一个可能改变了我人生轨迹的问题。那时我在房间里踱步，一边仰望着天花板，一边思考着关于失败的问题。

那个时候，我非常害怕失败，并且对自己的无知感到羞愧。虽然知道不能什么都不做，但是又非常害怕被人指出自己的失败，看出自己的无知。那个时候的我，总是处于一种心虚的状态。

人，失败了会如何呢？在付出了相应的努力之后，最终还是失败了，并且还给自己的同伴增添了麻烦，这种时候该怎么办呢？我的建议是，尽可能及时、真诚地向对方表达自己的歉意。只要及时去挽回，几乎没有什么事情是无法挽救的，因此问题其实在于状况可能会不断恶化到不可挽救的境地。要真诚、直接地道歉。如果能做到这些，对重大失误的恐惧就会减半，面对各种挑战时也会变得更轻松。事实上，失败并不是一件值得害怕的事情，反而是一种能让我们学到很多通向成功的要领的机会。**“失败 弥补 分析失败的原因 再次挑战”，越快完成这个过程的人将越早获得成功**。

那么该如何应对无知呢？我认为相对于无知本身，真正让人感到羞耻的，其实是自己的无知暴露出来的时候。向别人请教时说：“因为我不懂，所以教教我吧！”这难道真的是那么羞耻的事情吗？被请教的人一般会感到很开心，而且你自己也能够学到新的知识。对于自己不明白的问题，直截了当地向别人请教，肯定是最简单有效的方法。

“直面失败，察纳雅言不好吗？难道不是很容易吗？”我一边望着光亮的天花板，一边这么想着，这样一来，我顿时觉得“人生也不会有什么问题的”。当我打工遇到挫折的时候，当我被女朋友甩了的时候，这种想法一次又一次地帮助我渡过难关。从那时到现在，我幸运地获得了许多与活跃在世界一线的设计师们相识的机会。在与他们的交流中，我心中关于“直截了当会不会不太好”的疑虑切切实实地消失了。**直面一切是获得成功的最好方法**。

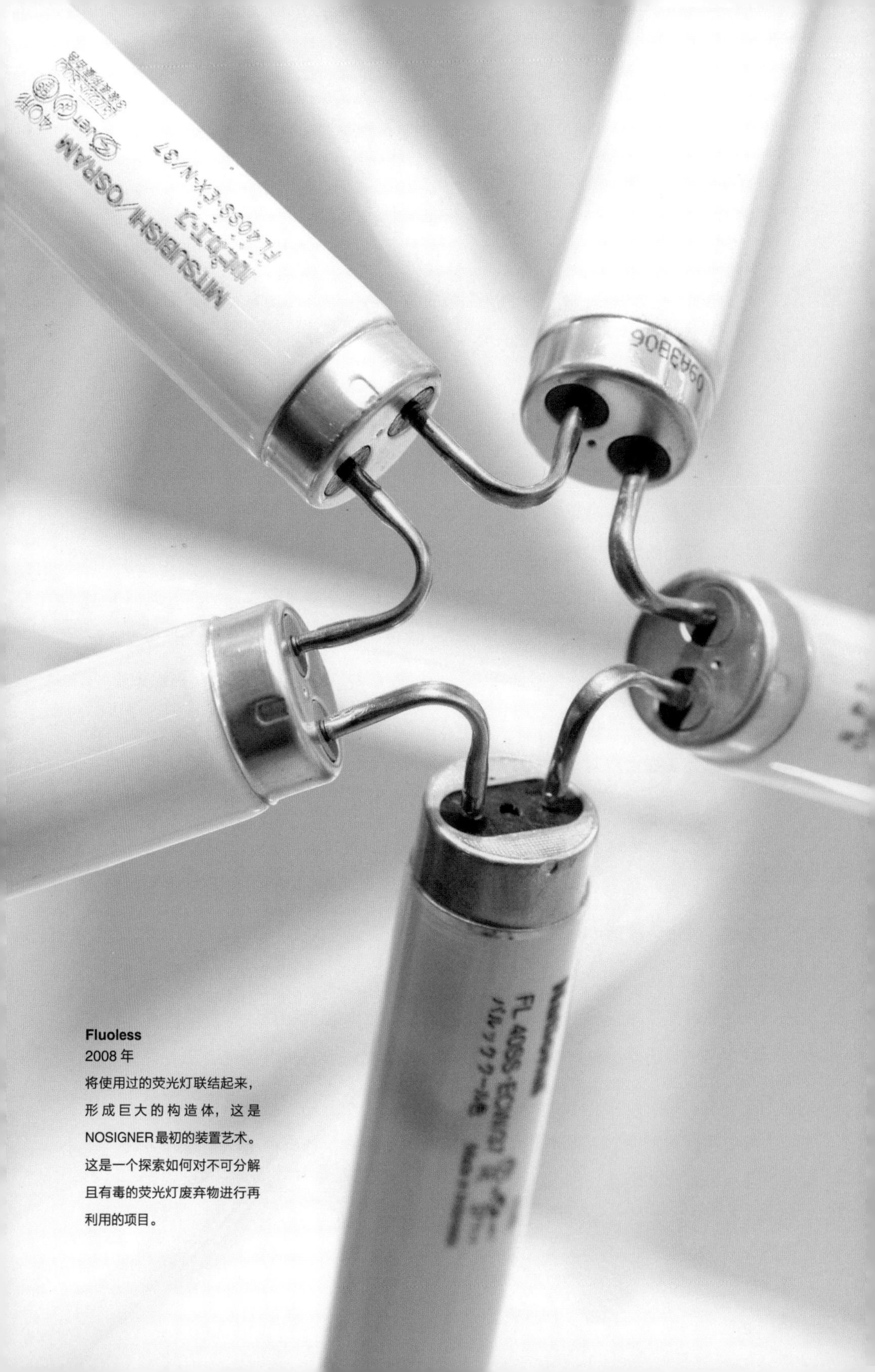

Fluoless

2008 年

将使用过的荧光灯联结起来，形成巨大的构造体，这是NOSIGNER最初的装置艺术。这是一个探索如何对不可分解且有毒的荧光灯废弃物进行再利用的项目。

03

一开始就学习最高水平的作品，然后超越它

Learn the best first. Then exceed it.

建筑之外的设计我基本都是自学的。现在，我已经明白术业有专攻，但在10年前，在我创业之初的时候，那时我还非常不成熟。

所幸在那个时候，因为我的客户都是一些专业人士，所以作品的完成质量还能有所保证。我意识到自己必须迅速成长为能够创造价值的创造者，那个时候我发现了**快速成长的要诀，即一定要以最高水平的作品为目标去学习**。

试着去想象一下好吃到顾客排长队的拉面店和不好吃而空荡荡的拉面店，虽然状况完全不同，但如果仔细观察，面、叉烧、汤料等各项元素，好像也并没有多大的差异。明明原材料差不多，工序也大致相同，但是人们就是能够不可思议地感觉出巨大的差别。这样一想，不会觉得很不可思议吗？其实，原因就在于人们可以通过比较判断出品质的差异。人们不会根据事物相对于平均水平的差异来判断，而是会以最高水平为基准来判断。在高水平的评判中，即便细微的差异，也会引发巨大的不同。比如说，人们都知道当今世界上最优秀的短跑运动员是尤塞恩·博尔特，但肯定没听过世界上第十好吃的拉面是什么。这很残酷，但这是事实。如果你想做出高水平的作品，就必须从一开始就以最高水平的作品为目标。

这个方法用在设计领域也一样。事实上，无论是谁，只要能坚持每周研习一项高水平的设计作品，即便自己还不能设计出优秀的作品，至少也已具备评判一项设计好坏与否的能力。特别是对于经营者而言，一定要以最优秀的设计为基准去学习。如果越来越多的经营者能够了解什么是好的设计，日本一定会发生改变。对于设计师，首先要慢慢理解顶尖水平的设计作品，然后以超越它的决心来进行创作。这样一来，即便不能马上创作最优秀的作品，至少能做出超出周围人们期待的作品。**一开始就以最高水平的作品为目标，然后以超越它的决心去挑战**，这就是快速成长的法则。

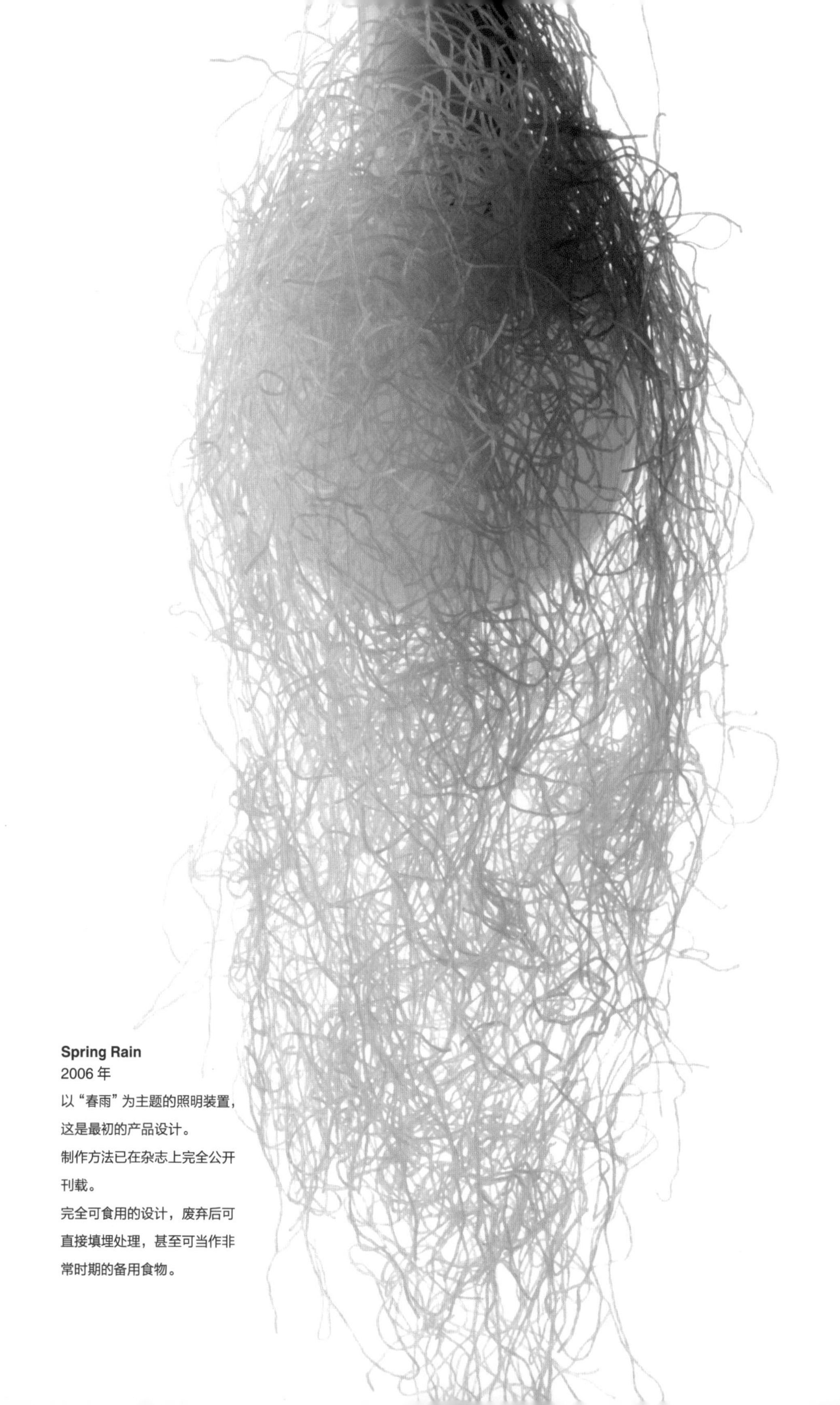

Spring Rain
2006 年
以“春雨”为主题的照明装置，
这是最初的产品设计。
制作方法已在杂志上完全公开
刊载。
完全可食用的设计，废弃后可
直接填埋处理，甚至可当作非
常时期的备用食物。

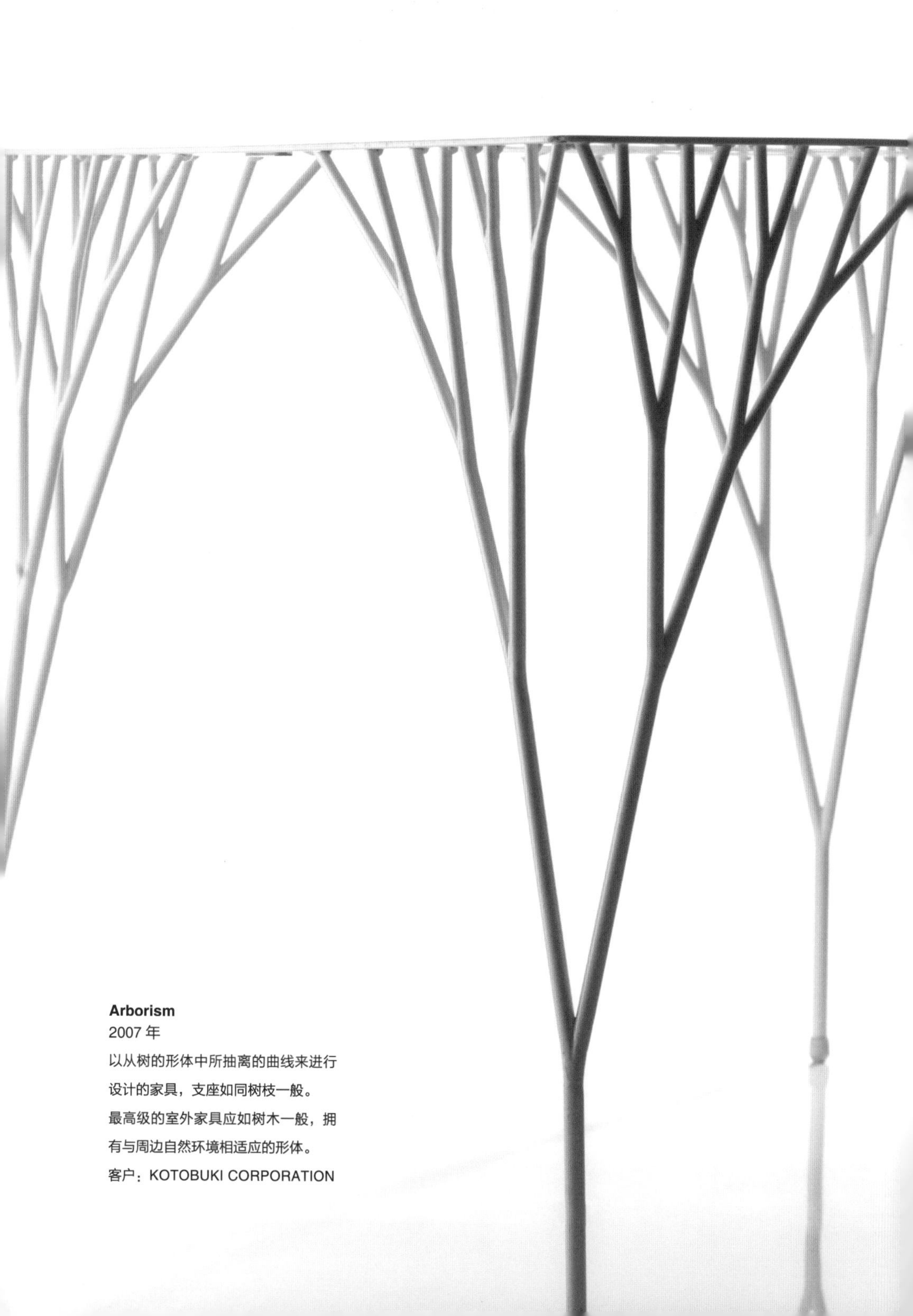

Arborism

2007 年

以从树的形体中所抽离的曲线来进行设计的家具，支座如同树枝一般。

最高级的室外家具应如树木一般，拥有与周边自然环境相适应的形体。

客户：KOTOBUKI CORPORATION

04

将项目变成兴趣

Make your project your hobby.

喜欢才能做好。如果与顶尖的人交流，你会发现，他们无一例外是真心喜欢自己工作的人。因为喜欢，所以进步会很快，效率也会很高，他们也由此成了最专业的人。然而，人生中毕竟不可能尽是舒心的工作，遇到这种情况的时候，就请试着这样来考虑——**感觉不到乐趣，是因为理解还不够深入，如果继续坚持，应该很快就能发现它的趣味所在。**

每当有项目开始设计的时候，我首先都会尝试围绕它挖掘出自己感兴趣的内容。如果要做一个管弦乐队的品牌设计，就去听听自己不曾了解的古典音乐，研究一下音乐史，或者读一读有关管弦乐的漫画。如果是与寺庙相关的项目，就去研究一下佛教思想，体验一下抄经、坐禅及阿字观。如果是化妆品项目，就要首先与女性交流，体验一下有机化妆品店等。将与项目相关的一切当作一种乐趣去体验，这样一来，每开展一项新类型的工作，就会新添一些小小的乐趣。

把了解项目的背景及周边事物当作一种乐趣，能动地去理解它，你所提出的理念就能与项目有更好的契合度。同时，与客户建立起相同的兴趣，也能促进你与客户建立更好的关系，不仅如此，这还关系着用户能否对你的理念产生共鸣。

这个方法可以应用于各种各样的学习之中，我学英语就是通过“动画”“漫画”和“游戏”来进行的。虽然我既没有留过学，也没有在国外生活过，但我现在已具备相当不错的英语水平，能够在国外的大学里用英语演讲、商讨工作及相关事宜，这之中最重要的就是将项目变成兴趣。

从乍看之下很无聊的事物中寻找乐趣，这种行为彰显了创造者的能力。不断锻炼这种能力，并深入到日常生活的方方面面，这样就能逐渐克服消极的心理，慢慢培养出积极的心态。使这种状态继续保持下去，就能孕育出巨大的兴趣。因此，在你以忧郁的心情开始一项工作之前，请尽可能地去探寻它的趣味所在。

山本山品牌重塑

2017 年

创办于 1690 年、最早在日本销售煎茶的老字号店铺的品牌重塑。以日本江户时期的商标和字体为基础重新进行了设计。为了做好这个项目，我们针对煎茶和书法进行了深入学习。

客户：株式会社山本山

HOJICHA
GENMAICHA
YAMA MOTO YAMA
YAMAMOTOYAMA Premium Roasted Seaweed
Yamamotoyama Since 1690

05

分解有益于理解

Deconstruction constructs understanding.

我一直都在思考，到底要怎么样才能达到最高的水准呢？要想在某一方面做到极致，就不得不面对庞大的知识储备，究竟从哪里开始着手，这是一个经常困扰我的问题。

事实上，无论多么难的技术，其本身都是由许多小而简单的知识或技术组成的。因此，无论是谁，只要能够按顺序将所有的技术一个一个学会，基本上就能够掌握这门技术。只是很多人在学习的途中因为看不到自己的进步，或者遇到了巨大的、看起来无法解决的问题，最后选择了放弃。因此，**当我们遇到不明白的问题时，首先应对其构成要素进行分解并确保没有遗漏的部分，然后尝试按照顺序去理解它**。“理解”与“分解”具有同一个词源，这就是其意义所在。

这个方法适用于一个人成长的所有阶段。例如，将平面设计师的工作分解来看，它综合了排版能力、设计工具的使用技巧、印刷制造的知识、思想的跳跃性、美好体验的记忆及社交能力等要素。将这些分解之后，对每一种能力都进行相应的锻炼与提升，就能得到自身的成长。

分解要素的诀窍在于不断地追问“为什么非要如此呢”。万事万物自有其道理。但是我们往往习惯于凭借自己的感觉去判断，因而不能够理解其中的真意。如果能抛开以无意识为基础的感性理解，在分解的基础上对事物进行构造层面的理性理解，就会清晰地意识到事物的必然性。例如在设计座椅的时候，将座椅所必须具备的因素进行分解考虑，就会明白它需要的是创造一种“啊，体重被分担了，好轻松啊”的感觉。实现这一目标的方法有千万种。意识到这些，你就能够站在创新的起点上了。

理解就是分解。只有进行了细致分解的人，才能更好地理解事物。请不要忘记这一点。

Truss
2009 年
极薄的置物架。
搁板虽仅有 3 mm 厚，却可以承载 100 kg 的质量。
采用以三角形为基本构造形体的桁架结构，兼备轻质与高强度的特性。
客户：Motobayashi Furniture Co., Ltd.

MagContainer
2012 年
在木制装饰盒中置入磁铁来使其相互吸合。
集中运用了德岛县的储物家具工坊所开创的传统木工技术。
客户：TSUBOI WOOD CRAFT

06

正确认识做不到的事情才能进步

Know exactly what you can’t do to figure out what you can do.

高中的时候，受漫画的影响，我对天才非常憧憬。天才是一群大脑构造异于常人、什么事情都能立即做到的非常帅气的家伙。进入社会后，我有幸结识了许多被称作天才的人，但他们都跟我想象中的“漫画中的天才”完全不一样。

我所认识的天才，都是非常勤奋努力的人。除此之外，**他们的共同点就是他们都擅长于恰当的努力**。由于掌握了前文所述的“分解”的能力，他们比别人更早地意识到了自己做不到的事情，从而避免走弯路，也因此得以比周围的人们更快地成长起来。

一开始练习的时候，绝大多数人都会很快地进步到一定的水平。只要去做就会成长，在这一点上，天才与普通人并没有什么太大的不同。然而，到达一定的水准之后，做不到的感觉开始慢慢多起来，很多人会就此选择放弃。这种阶段性的低迷，其实是由于把局部的不顺利错当为全体的不顺利造成的。换言之，这是一种在走过了理解成长之路的阶段后，尚未达到清楚了解自身不足的时期的状态。例如，将“学习设计时遇到了难题”放大为“自己做不出好的设计”。做不到的原因无论是“不懂得排版的基本原则”“不知道该如何表现”，还是“知识储备本身就不足”，其实都不过是些实际可解决的小问题。如果不能正确地认识到这一点，就会迷糊地陷入“完全做不了设计”的低潮之中。

因此，当你感觉不顺的时候，请尽量更加具体地找出“现在的我所做不到的那些事项”，然后反复练习。**如果能将一个一个的小事项逐一解决，大的问题自然也会迎刃而解**。试着去想象挡在你面前的并不是一块巨石，而是堆积起来的许多小石块。虽然脚下很黑，不容易看出石头的样子，但只要你能正确地理解自己所处的状况，就一定能看清它的原貌。

TECHTILE
テクタイル展

Techtile

2007 年

与东京大学的研究者们共同完成的展示触觉与技术结合的平面及空间设计。

通过印刷了无数指纹的平面设计来唤醒人们的触觉意识。

这是我作为一名尚不成熟的平面设计师时所尝试的设计作品。

客户：Techtile Executive Committee

07

首先集中突破一点，而后慢慢拓展

Start with one dot. Then, start connecting the dots.

如果你不是冠军而是一名挑战者，为了不满盘皆输，我建议你先集中精力争取某一点的胜利。例如，不要以历史知识荣冠世界之最为目标，喜欢列奥纳多·达·芬奇的话就集中精力研究他一个人；同样，不要追求世界第一的厨艺，先做出世界第一的拉面里的鸡蛋。我在上学的时候就开始做平面设计，因为这是建筑师较少涉足的领域，所以想当然地认为自己是这个领域里最优秀的建筑师。

自从互联网出现之后，人类在历史上第一次可以立即检索出自己所希望了解的事物的相关信息。换句话说，知识不再被封闭在某一领域之内，而是变成了大家可以共享的财富。现在，如果你想在某个小的领域内取得些许突破，只要你收集比别人更多的信息并勤加练习，成为一名专家就比以往任何时候都要容易。

以前，一个人如果想在某个领域内拔尖，成为该领域的专家，一般都需要倾尽毕生的精力。但如今，学习变得比以往任何时候都更加容易，一个人能够同时兼备多项专业技能，在不久的将来，一定会出现很多懂设计的音乐家、医生及厨师等。细想的话，一名厨师设计师应该会比普通设计师设计出更加美观实用的厨房用具。

如果能够在某个领域有一点突破，就继续一点一点积累吧！慢慢地，点与点之间会连成线，线与线交织起来便能成为你所擅长的专业面。史蒂夫·乔布斯在著名的斯坦福大学演讲时就表示："人生就是将生命中的点点滴滴串联起来"。然而可惜的是，我们并不能在当下就知晓人生的全貌，也就不知道该留下什么样的点。但是，只要无论何时都记得去尝试一点突破，待到将这些点联系起来的时候，或许真的会完成名垂青史的非凡伟业。

Rebirth

2008 年

用真正的鸡蛋壳粘合制成的灯具。

鸡蛋壳虽然是一种非常易碎的材料，但借助彼此将压力分散后，就可以弥补这一缺陷，形成大型的构造体。

表面隐约透出些许的生命的痕迹。

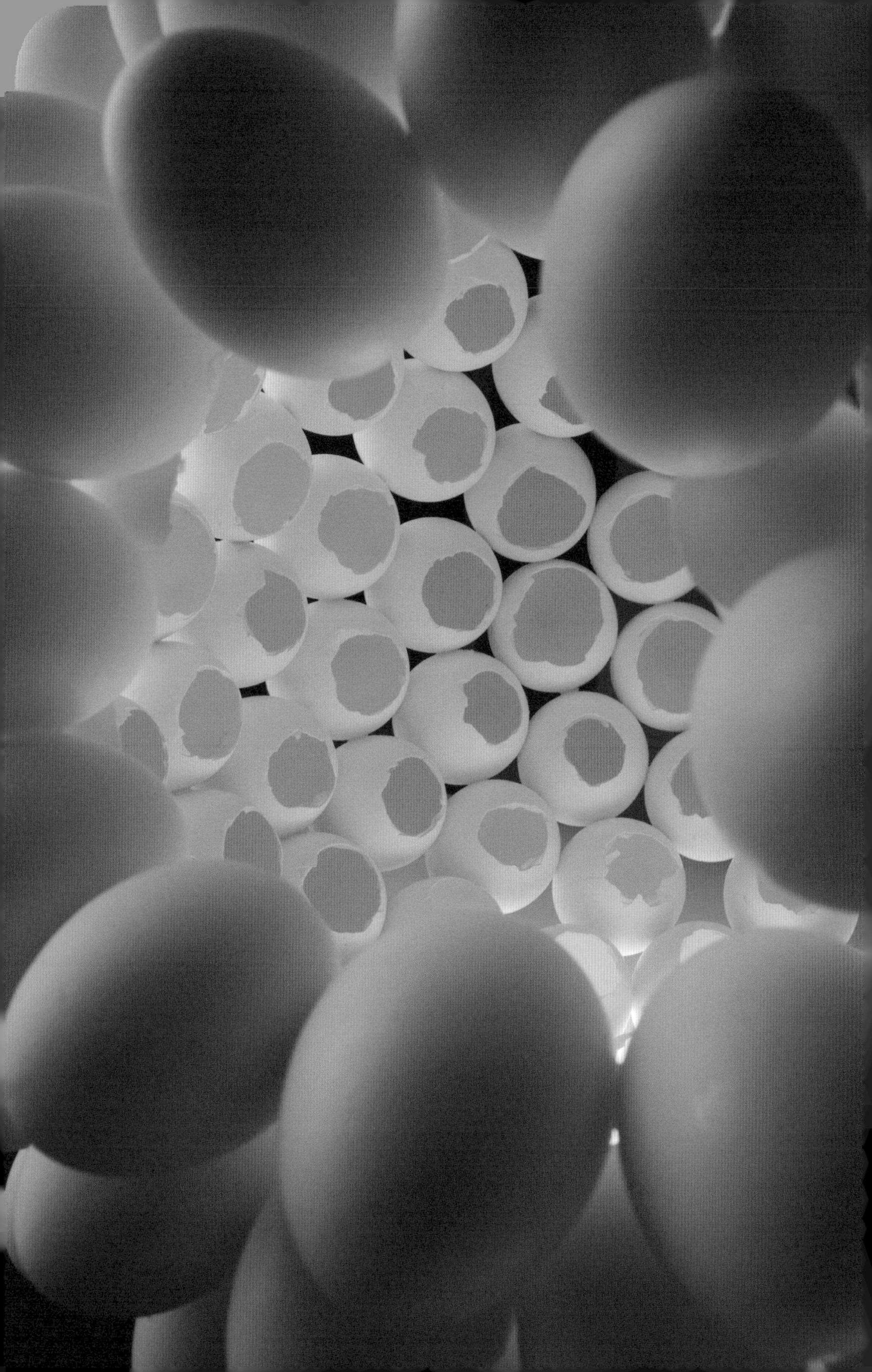

08

看到了就要做，迅速着手尝试

Make what you see. Act quickly with your eyes and hands.

要尽快着手尝试。练手，对于设计师而言是最重要的事情。如果手上功夫不到位，即便想法已经在脑海中成形，也依然需要花费大量时间去表达它，这样甚至还会反过来影响自身的想象力。**能够迅速将所思所想通过手绘表达出来，将大幅减少想象与现实之间的距离**。

表现手法无论采用手稿、CG（电脑绘图）或模型都无关紧要。我因为从上小学起就开始使用电脑，用电脑进行设计仿佛已经成了身体的一部分，所以从草图阶段开始，就会积极使用 Photoshop、Illustrator(均为 Adobe 公司发行的图像处理软件) 及 3DCG（三维电脑制图）等辅助工具。虽然我也很喜欢手稿，但从始至终使用同一种表现手法会让我感觉整个设计过程更加流畅。

如果能磨炼出即时可见的表现速度，在与客户或团队进行会议讨论的时候，就可以现场勾画出设计原型了。一起参与创造的过程，会让对方感觉到共同创作的实在感，这样一来，认识上也更容易达成一致。如同在可以看见寿司师傅制作寿司的店里就餐一般，在那种情况下如果能够直接通过手绘表达呈现，就能切切实实得到充分的信任，而且如果有人认为不正确或不恰当，也能及时指出。会议结束的时候，目标就已经呈现在众人面前了。为了实现这种梦一般的现场创作的会议，手头表现就必须具备相应的速度与质量，并且能够一边谈话，一边进行。**项目的生动性来自于创造它的过程**。

即时表现速度的提升是与设计模型制作速度的提升紧密相连的，因此与高质量的设计成果也是紧密相连的。我所结识的一流设计师们无一例外都具备快速徒手表现的能力。对于我们，首先要让自己切实具备手绘表现的基本能力，磨炼自身即时表现的技术，这不是投机取巧，而是继续向前的捷径。

MOUNTAIN FOLD
31.1MM
53.5°
73°
HAND
37MM
MOUNTAIN FOLD

Handmade Structure

2013 年

从建筑构造设计师的视角探索纸的可能性的展览会。

通过对建筑的折板构造进行折曲加工来传达“可携带的展览会”的设计理念。

客户：Takeo Co., Ltd.

09

从概率来思考胜负

Winning is about probability.

经常会听到“请告知竞赛结果”这样的话，虽然不知道结果有没有出来，但还是希望能求得一个结果。设计竞赛是一个关乎成败的领域，为了得出评价就不可能避开胜负的问题。在这里，就让我悄悄告诉你们取得胜利的思考方法吧！

前面已经提到过，我上大学的时候非常害怕失败，没有参加过评选或竞赛之类的活动。由于没有参与，获胜的概率自然为零。我鼓起勇气开始尝试参加竞赛是在读研究生的时候，虽然试着去参加竞赛了，但是难以获胜。在参加大概 5 次竞赛都失败了之后，我陷入了“自己也许并没有设计才华”的漩涡之中。

在这个过程中，在得到结果之后，我所意识到的就是概率。比赛通知里写着参加竞赛的总人数是 300 人，获奖者一共 5 人。冷静下来仔细想想，我获胜的概率竟然只有 1.7%，而我只失败了 5 次就开始怀疑自己的设计能力，这样一算就觉得不太合理了，至少也得参加 50 次，才能判断出自己是否具备设计的能力。

此外，我还意识到另外一件事——谁也不知道我在竞赛中落败了。落选者当然不会被发表出来，也就是说，**失败的概率其实要比想象中高很多，而失败后的风险其实要比想象中低很多**。意识到这些后，我面临挑战时的心情便变得愉悦多了。

从那时到现在的 10 年间，我参加过很多竞赛。从读研究生的时候起直到现在，我的获奖概率逐步慢慢提升，这几年的获奖概率已经超过七成了。包括众多领域的全球顶尖赛事在内，我竟非常荣幸地获得了 100 多个奖项。为了获奖，首先最重要的就是默默地尽可能参加更多的竞赛。也许你已经猜到了，我已经有过近 100 次的失败经历了。**所有的胜负都是有概率的，首先要尽可能多地参加竞赛，这才是获胜的法则。**

KANPYO UDON
かんぴょう うどん
国産干瓢

KANPYO UDON

2009 年

用栃木县小山市的特产葫芦干粉所制成的面条的包装设计。

荣获世界性包装设计大赛“PENTAWARDS 2009”食品领域铂金奖。

客户：The OYAMA Chamber of Commerce and Industry

10

把偶像当作对手

Make your idol your rival.

理想与现实之间是有距离的，消除这个距离的过程，我们称之为“梦想的实现”。**拉近理想与现实的关键，就是设定一位理想的竞争对手**。对于宫本武藏而言，他的对手就是佐佐木小次郎；对于阿姆罗来说，他的对手就是夏亚。正因为有对手的存在，他们才能够促成彼此的成长。请闭上眼睛想一想，你的竞争对手是谁呢？他（她）是你梦想着要成为的那个人吗？

大三的时候，我的梦想是有朝一日能够成为一名建筑师。然而有一天，我意识到了某个让我备受打击的事实，那就是我为课程作业所制作的模型，与世界知名建筑师们的相比，实在是太拙劣了。真正的建筑，是在协调了结构及造价等重大的限制因素之后才得以建成的，而我，即便在随心所欲、完全自由的情况下，制作的模型依然如此糟糕，这让我意识到，这样下去我永远都无法成为一名建筑师。在意识到这一点之前，我一直想当然地认为学生作业自然无法与专业人士相比。但是，如果真的想要实现梦想，你就必须将自己所仰慕的建筑师当作竞争对手。

从那天起，我不断地对自己说“成为世界第一的建筑师难道不好吗”，并自顾自地在设计时将知名建筑师当作对手来进行创作。然而，看过这些人的模型及图纸后，我觉得自己根本没有办法战胜对方。经过了一段束手无策的时期之后，通过慢慢观察，我渐渐意识到，如果只竞争局部，我还是有可能胜过他们的。即便无法使全部的图纸都赢过他们，但如果只是做画框，我也许能做得更好，如果单看 CG 合成，我似乎更擅长。这样一点一点将局部积累起来，将来必定会有一天，自己将掌握成为一名专业设计师所需的全部技能。

我认为，只有从一开始就描绘出自己想要成为的样子，并切切实实照这样去行动的人，才有可能真正成为自己想要成为的人。如果有想要成为的梦想人物，即便是勉强自己，也请一定要尝试将这个人当作自己的竞争对手。即便现在还相差非常大，但只要你能够理解自身存在的差距，并逐步去克服，你就必将迈出实现梦想的一大步。

Bau-Biologue
2004 年
大学毕业设计。
新宿中央公园的改造方案。
它设置能够从周边高层建筑的废水中提取生物质能的设施，同时可兼作植物园及自然科学研究所，从而使公园成为城市的“循环系统”。
当时的我，竭尽全力想要设计出不输给世界知名大师的建筑作品。

11

坚持寻找榜样

Keep searching for your role model.

历史上是否存在让你当作人生目标的人呢？这样的人被称为榜样。“学习”一词（在日语中）的词源即“模仿”。**就像婴儿会模仿自己的父母一样，模仿前人的做法是学习与成长过程中不可或缺的一部分。**

请轻轻闭上眼，并想出三种榜样。第一种是跟你同一时代、相差十岁以内的偶像或走在你前面的人；第二种是现今依然在世、位居世界第一的人；第三种是在人类历史上最受尊敬的人。想出这三种人之后，就去调查一下他们年轻的时候是什么样的，如果有传记当然更好。这样一来你就会明白，他们也曾经历过艰难困苦，也曾有过失败的时候，他们不过是最终鼓起勇气的普通人而已，这些应该能够成为你成长的参考。

虽然觉得有点不好意思，但还是告诉大家我的榜样吧！第一种榜样，是比我大三岁到十岁的拥有才华的建筑师和设计师兄长们，因为太多了，就不一一列举出来了，在与他们的交流中，我不知不觉地受到很多影响，让我能一直保有上进心；第二种榜样，我最先想到的是我的恩师隈研吾先生和黑川雅之先生。隈研吾先生精准的指导，以及黑川雅之先生将哲学融入设计的理念等，都强烈地刺激了我，他们自身也受到了很多他们前辈的影响。能够直接见到并感受各位前辈的生存方法，确实是一种非常好的学习经验；最后，第三种榜样——我这一生最尊敬的人，包括查尔斯·伊姆斯、巴克敏斯特·富勒、弘法大师空海等诸位伟人。不知道像他们这样被称为万能的天才的创造者，为了超越时下的领域、实现思想的变革，究竟拥有多大的勇气。

将某个人的生存方法作为自身的参考并不是什么羞耻的事。**当你感到迷茫的时候，看一看自己榜样的一生，应该就能隐约看见自己所要前进的道路了。**

Techtile #3
2010 年
将东京街道的肌理拓印在铝箔上所构成的触觉展示空间。那几天黑川雅之先生的事务所兼画廊内到处都是铝箔，给他添了不少麻烦。
客户：Techtile Executive Committee

CHAPTER 2

CREATING GOOD DESIGN

创造好的设计

12

思考美好的理由

Think of reasons for the beauty.

我一直在有意探寻美好的事物，特别是在大自然中，那里有许多美丽的事物：流动的云、翻涌的波浪、色彩缤纷的花朵……NOSIGNER 工作室里科学类的图鉴图书估计比设计类的图书还要多，在众多的自然科学类图书的包围下，我们每天都能发现美好的事物，这对我们产生的影响是非常大的。

美，到底是什么呢？花非常美。花的美，并不是为了给人欣赏。如果真正说起原因，花朵呈现出美丽的姿态其实是为了吸引能够传播花粉的蜂虫。

这样看来，蜂虫应该是能够理解美的。那么，对美有同感的就不仅仅是人类了，昆虫应该也能够理解美。**所有的生物都对美持有本能的同感**，这是一件非常有意思的事。在现实生活中，如果你仔细观察，就会发现水分饱满的茄子就如同水滴般新鲜美好，受到充足阳光照射而茁壮成长的树木的机体构造美得让人惊叹。这种美，是与逻辑的整体性密切相关的。生物通过这种形式回避危险，这是它们保护自己及种子安全的本能。美对于生物而言，是一种类似安全机制的机能。

美，存在于感性与理性的平衡之中。无论哪一方有所不足，都无法呈现出美的形体。如果你想要将美均衡地表现出来，多找出一些感性美的内在逻辑是非常重要的。

美的范围由于实际状况的不同会有所区别。有的时候美并不是一种目的，即便如此，对于构筑事物的本质的美，大多数人在无意中都会倾向于正面的理解。因此，请不断追寻美好的事物，继续思考美好的理由。对美的追求，往往与对设计终点的想象是紧密相连的。

22141231
2011 年
以日全食为主题的镜子。
使用电子 LED，通过特殊的方法形成漫反射，从而呈现出一种微微晃动的、宛如真的一般的自然现象。
与堀内太郎合作完成。
客户：Taro Horiuchi

13

形体不是被创造出来的，而是被发掘出来的

Form isn't created. It's discovered.

设计虽是一项创造形体的工作，但所有资深设计师的共同点却是不创造形体，他们都拥有一种发现形体进而塑造形体的能力。

漂亮的形体未必都有好的造型。看见某种形体，要一边变换观看角度，一边向大脑传递相应的信息。杯子之所以是这样的形体，是因为这种形体适合人们用手将液体送入口中。桌子的高度一般为 70 cm，因为人们坐着的时候，这恰是手肘适宜的高度。这些形体与周围的物体之间、自身形式与功能之间，关系都是契合的。也就是说，**创造形体，其实就是创造衍生出这种形体的关联性**。因此，为创造出好的设计，我们与其采用“自由创造形体”的方法，不如采用“关联性衍生形体”的方法更为有效。“表现”即“现于表面”，创造形体的真正含义，就是发掘出能够将蕴含在内部的关联性直接具体表现在外部的形体。

为了打造能够预测你想要建立的关联性的形体，**在弄清楚什么样的形体适合之前，先仔细观察周围**。如果你能够想象出周围，就会慢慢感觉眼界变得开阔起来，仿佛已经能够看到所需要的形体了。不断往复于关联性与形体之间，找到其所衍生出的最直接的状态。这样一来，就会让人感觉好像不需要刻意设计一般，超越了随意性，直接升华为设计成果。另外，从相似的关联性中所衍生出的形体，自然具备相似性。

例如，跑车为了追求速度，它的曲线与猎豹相似，其关联性来源于猎豹的流畅形体。表现突出的形体往往能够强有力地展现出它所关联的事物。

从关联性来挖掘形体的过程，与自然界中形态的生成法则是一致的。自然界中美丽的设计原型已经存在于自然现象之中了，只等着你去发现它们。

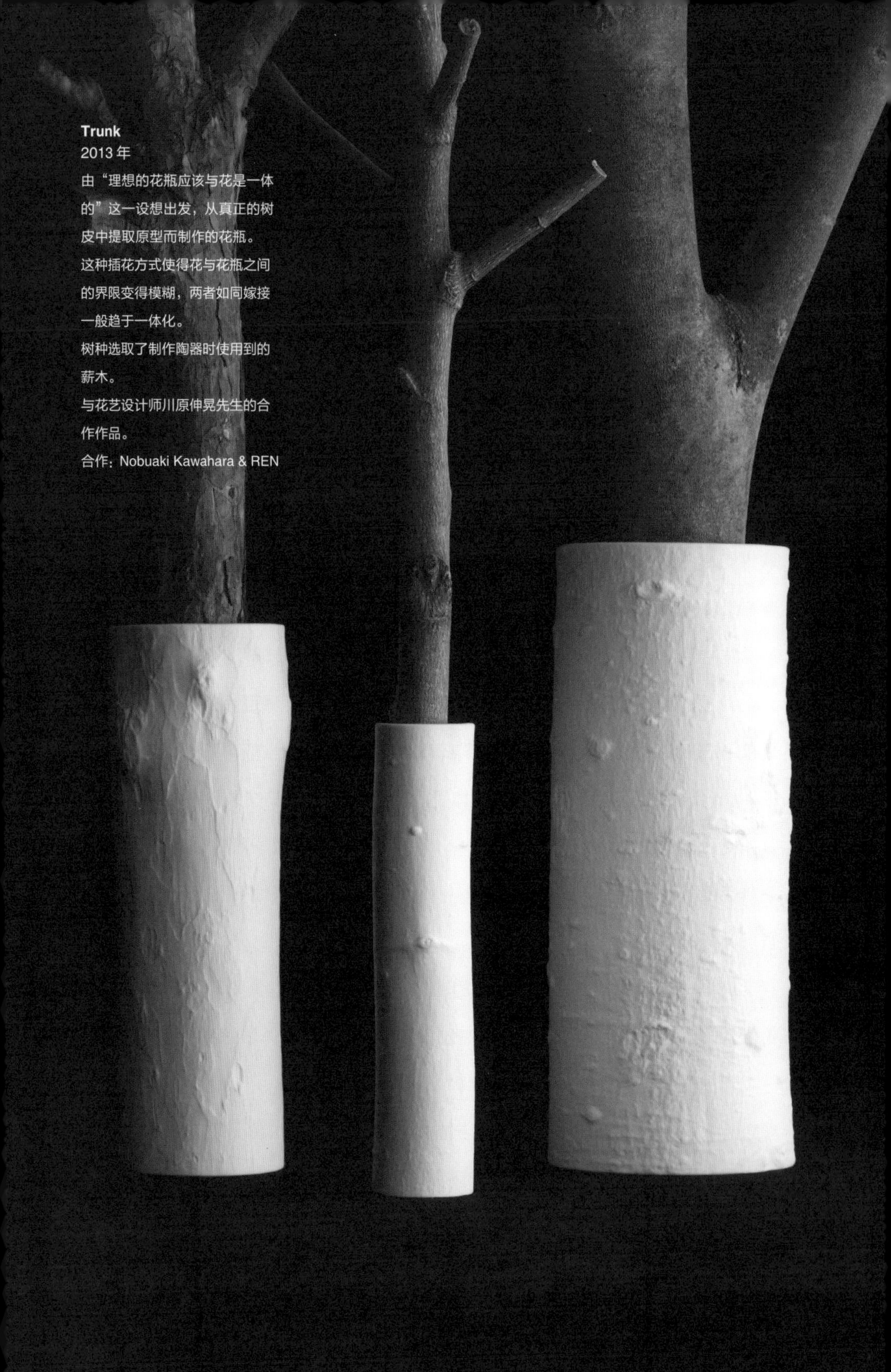

Trunk

2013 年

由“理想的花瓶应该与花是一体的”这一设想出发，从真正的树皮中提取原型而制作的花瓶。

这种插花方式使得花与花瓶之间的界限变得模糊，两者如同嫁接一般趋于一体化。

树种选取了制作陶器时使用到的薪木。

与花艺设计师川原伸晃先生的合作作品。

合作：Nobuaki Kawahara & REN

Nikkei BP Marketing Award Trophy
2015 年
根据电脑计算模拟“绽开”的瞬间，并通过 3D 打印完成。日经 BP 营销奖奖杯设计表现了创造力的爆发。新技术使新的表现形式变为可能。
客户：Nikkei Business Publications, Inc.

14

好的品位不是一种才能，而是一种准则

Having good taste isn't a talent. It's a principle.

这么说或许有点突然，设计的品位是什么呢？试着去问一下别人："你对自己的品位有自信吗？"多半会得到否定的回答。从这里可以看出，人们总是认为品位是一种上天给予的才能，与本人并无关联。我曾经也这么认为，但现在我可以断言，**品位并不是一项才能，而是稍加注意就能够习得的事物。**

这里请先想象一下没有品位的大叔。铃木先生，一位银行职员，松松垮垮的衬衫透出里面的圆领背心（假设）。如果这位铃木先生来拜托我，说"无论如何都想要提升自己的品位"，那我该怎么做呢？

首先，提升品位是我们双方达成的共识。先仔细地问清楚，他想要的是不是"对完成工作变得更自信"及"变得更受欢迎"等。达成一致后，接着对他提出这样的要求："请想象一下，在伦敦金融街工作的约翰先生（假设），约翰先生是银行史上最年轻的副总，举止大方，谈吐优雅，为人亲切，深受大家的信赖，不必说自然十分受欢迎，你认为他怎么样呢？"如果约翰先生的这种形象就是铃木先生所期望的，那接下来就这么告诉他："那么从明天开始，将约翰先生不会有的态度、不会穿的衣服等通通舍弃，尽量以约翰先生的行为准则为标准来要求自己的言行举止。"

这下可不得了，铃木先生恐怕得将自己几乎所有的衣服都扔掉。然而，如果铃木先生能做得彻底，人们马上就会感觉他的品位变好了。对于铃木先生而言，他品位的提升并不是由于某项才能，而是有意识地按照约翰先生的准则要求自己，并竭尽全力执行。

遵守准则是一件很不容易的事。世界上有太多约翰先生不会选择的事物了。**在各种嘈杂声中不放任自己随意选择，坚定而又彻底地保持重要的审美感。**这就是好品位的本质，也是品牌设计的本质。

+B
2015 年
横滨体育场内的横滨湾星队商店。这个品牌不仅针对老棒球迷，还面向更多的人，是一个为了让棒球进入更多人的生活之中的品牌。
客户：YOKOHAMA DeNA BAYSTARS BASEBALL CLUB, INC.

15

做出让人一目了然的设计

Design to communicate in the moment.

在研究生期间，我平生第一次参加设计竞赛，结果竟然五连败。意志消沉的我很在意究竟什么样的方案获胜了，于是便去看竞赛的获奖方案。实际看过之后，发现无论哪一个方案都非常简单，简直让人难以服气，明明我的方案思考更加缜密，为什么我却输了呢?

我试着从评审员的角度来思考这个问题。如果评审会一共有两个小时，那么每个人挑选方案的时间也就30分钟左右。如果30分钟内要筛选300个方案，平均每个方案的评判时间最多只有6秒，当然没有工夫来细细阅读你的文字说明。也就是说，你必须在短时间内传达出你的设计理念。

“原来那些看起来非常简单的获奖方案，反而能够瞬间传达出设计者的意图”，抱着这样的想法重新审视自己的作品，发现这些作品都是过于复杂、难以让人在短时间内理解的方案。自那之后，我开始尝试构思一些能够快速传达设计理念的方案，继续参加设计竞赛。有了这种认识，我获胜的概率有了飞跃性的提高。**如果只从参赛者的角度来思考，是不容易获胜的**。监察员的角度、评审员的角度、其他参赛者的角度，能够从多角度来思考是非常重要的。

也就是在这个时候，我开始意识到设计具备某种与语言相似的性质，也有其传达的对象。如果将设计比作语言，它是如何传达的呢? 试着像理解语言一样去理解设计，设计也包含讲述者（设计师）与听者（客户），这样就更容易理解设计的含义了。

设计是一种将感性认知具象为形体的语言。所有的设计都蕴含某种信息。如果使用得当，设计会成为一件将难以理解的事物变得易于理解的强有力的武器。你的设计要传达的对象是谁呢? 从对方的角度来看，你是否传达到了呢? 为了能传达出你的所思所想，要先明确你的意图，然后再开始进行设计。

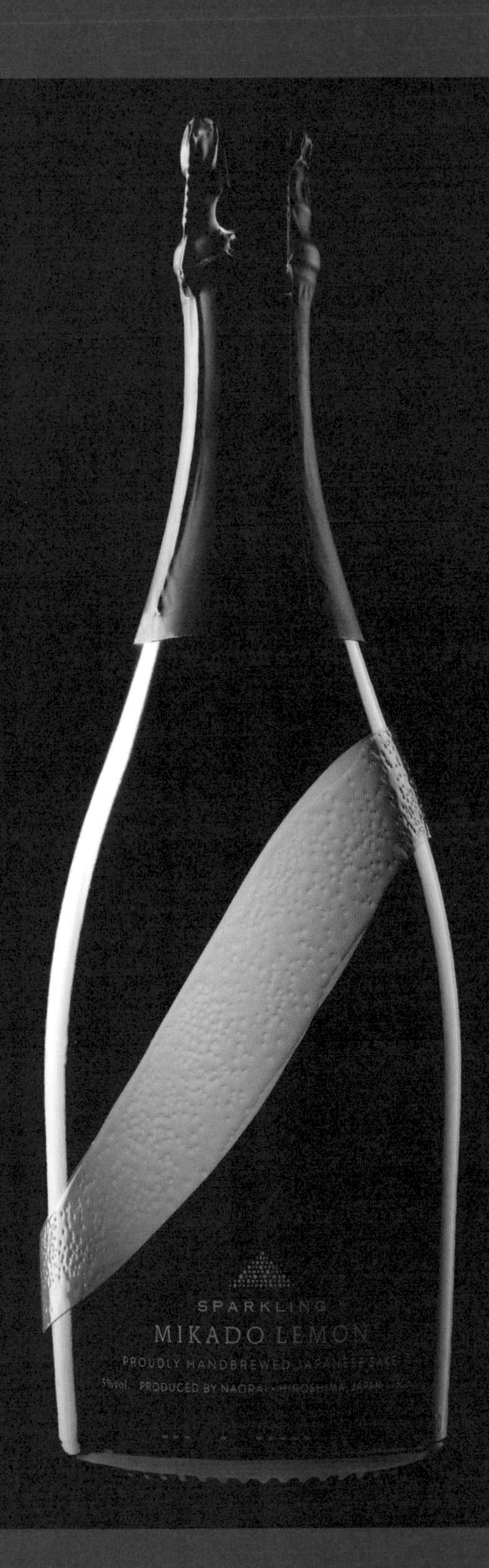
SPARKLING
MIKADO LEMON
PROUDLY HANDBREWED JAPANESE SAKE
5%vol. PRODUCED BY NAORAI · HIROSHIMA, JAPAN

MIKADO LEMON

2016 年

用有机栽培的柠檬和日本酒制作的起泡酒的品牌塑造。为了突出酒的柠檬口味，我们对剥掉的柠檬皮进行了精细扫描，甚至对柠檬皮的凹凸起伏都做了扫描处理。就这样将其用在了设计中。

客户：Naorai

16

将概念浓缩为简单的词语

Condense meanings into words.

发呆的时候，如果突然被问“你在想些什么呀”，你能答得上来吗？嗯……好像在想什么，又好像没在想什么，要回答似乎相当困难。思绪是如同云朵一般飘忽不定的事物，如果要将其具化为语言，就必须赋予其能够阐释清楚的条理性。换句话说，就是要将无意识有意识化。

为了能够将抽象的概念正确地表达出来，必须进行梳理条理的练习。例如，对于“设计是什么”这一问题，人人都有各自的解答，不存在一个标准的答案。因此大多数的设计师都会将自己的概念描述得比较模糊。然而，如果你真的想成为一名优秀的设计师，即便觉得这个要求有些过分，也请一定要先停下脚步，问一问自己：“对于自己来说，设计究竟是什么？”给自己一个有条理的答案。

我第一次对设计进行定义是在我读研究生的时候。2006年，我做了人生的第一次演讲，听众是德岛县的大叔们。当时他们让我教他们什么是设计。我思量着如果只讲一些专业名词，他们肯定会说“我们听不懂什么是设计，感觉很讨厌的样子”，从而使场面一片混乱。正当我为此感到烦恼的时候，我突然想到：“设计与说话一样，将它分为讲述者与听者，然后从两方面来考虑就好了。”结果，这场名为“对话的设计·设计的对话”的演讲大受好评，他们纷纷表示“第一次明白了什么是设计”，对我很是钦佩。

这一次，通过将抽象的概念语言化，我的内心第一次对设计这一概念有了清晰的认识。另外，这次演讲还与“设计的语法”有联系。**将一项事物语言化，其实是给自己一次重新对其进行深刻理解的机会**。语言化的力量不容小觑。如果遇到难以理解的概念，就试着与同样想要理解它的同伴一起，竭尽全力用语言去表达它，也许会有新的发现。

3号館
M2F
先端研ショーケース
M202
M204
ピ

Miniature
2008 年
东京大学尖端科学技术研究中心的开放校园会场布置。
在建筑底层长 60 m 的廊道内描绘出校园地图，并将研究内容的一部分置于封闭的展示盒内进行展示。
这是一个比一般的地图要大，但又比真正的校园要小的空间，同时兼具会场规划及展品展示两项功能。
客户：东京大学

17

交流才能理解

Communicate to be understood.

“我都跟他说得很清楚了，他竟然一点都不懂！”经常见到有人这么发火。这种情况一般是说的人认为自己已经将信息“传达”给对方了，然而实际上却没有。“传达”与“传到”的不同，在于意识究竟是主体还是客体。如果能够从对方的角度出发来进行交流，对方就比较容易理解，而如果只是自顾自地说话，对方就难以产生同感，结果自然无法传达给对方。

“传到”的关键，在于一边说话，一边想象自己处于听者的立场。为此，必须锻炼自己一边说话，一边假想自己听自己说话是一种什么感觉。意外的是，人们不懂得听自己所说的话。练习这种说话方式很有必要，因为如果自己能够听懂，那么对方应该也可以理解。练习的时候，“自己能够跟上的语速大概就是这个速度吧”，“信息量似乎太大，有点难以理解了”，“呀，刚才的话是不是有点条理不清”，大概就是这种一边说一边听的感觉。有了这种意识，结果应该就会大不相同。

语言之所以没能传达给对方，往往是因为缺乏同感。同感是指找出自己与对方观点相同的部分，同时也接受彼此不同的部分。同感力，就是在你与对方意见相左时能够派上用场的能力。如果真的想得到对方理解，就不能全盘否定。“你的这个意见我是同意的，但是关于另一点你是怎么考虑的呢？”通过这种交流可以弄清楚哪里是可以达成共识的，而哪里是不能达成共识的，这样就更容易找出双方都认可的观点了。

设计的时候，将其理解为语言会更容易想象。自己想做的设计与对方想要的设计自然会有不同，但如果双方反复交流，最终会做出一个彼此都满意的设计。想要创造在社会上推广的设计时也一样，一边进行设计，一边想象如何向社会传达自己的设计，然后继续修改设计，如此反复。一边想着对方或社会大众，一边创作出来的设计，其传达力将是遥遥领先的。

207

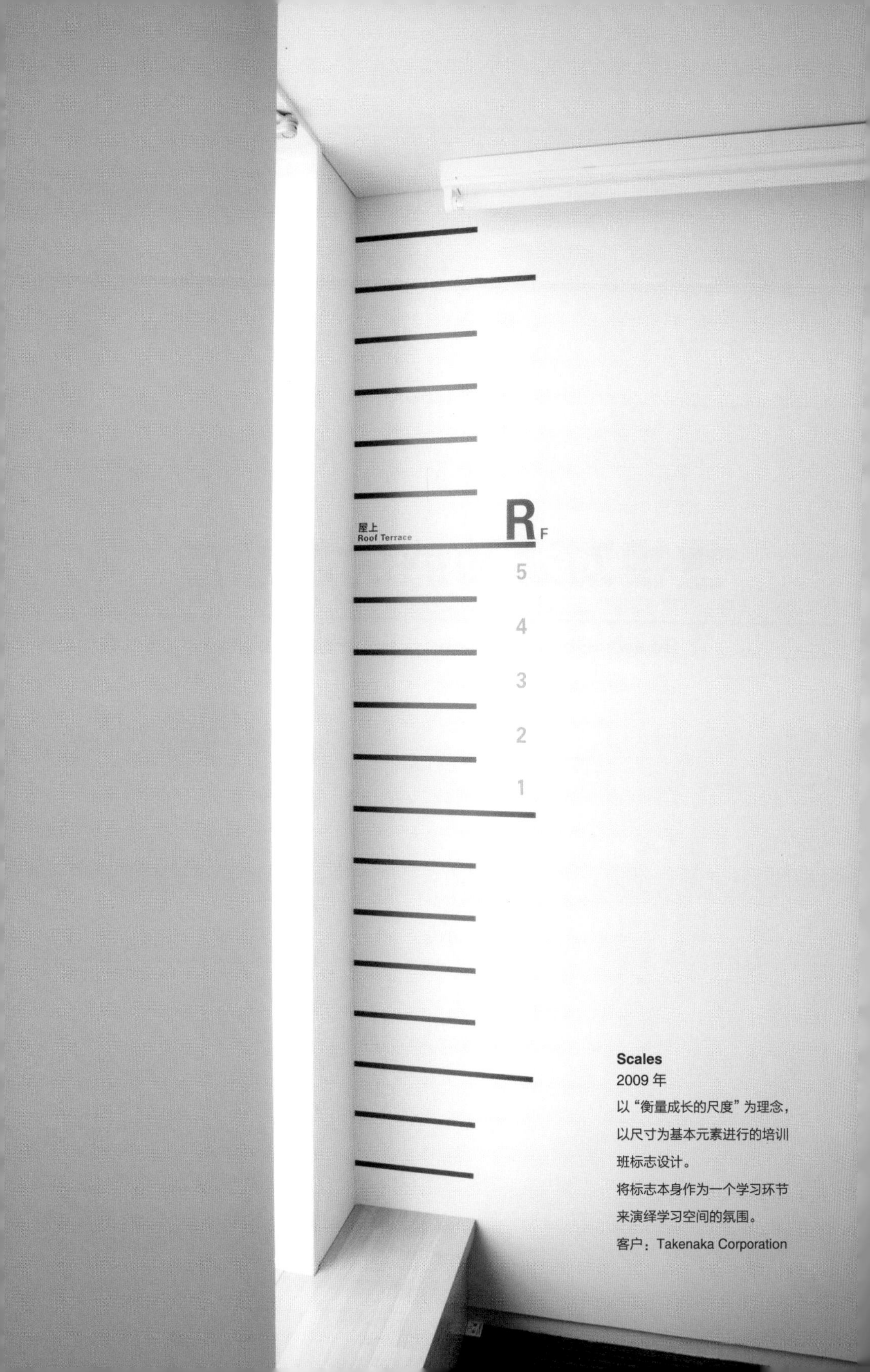

Scales

2009 年

以“衡量成长的尺度”为理念，以尺寸为基本元素进行的培训班标志设计。

将标志本身作为一个学习环节来演绎学习空间的氛围。

客户：Takenaka Corporation

18

重视对违和感的敏感度

Be aware; be true to your sense of discomfort.

常常会听到有人在某件事情失败之后，表示自己早有预感。这种情况，很可能是由于虽然感觉到了违和感，但并没有去尝试弄清楚为什么会这样，然后就那么坚持做下去了。**违和感的产生，往往是由于对未来产生了失败的预感，因此违和感是一种重要的信号**。静心感受那几乎难以察觉的违和感，弄清楚它的本质，这将成为关系你成功与否的关键因素。从你不在意它的那一刻起，就是妥协的开始，慢慢累积起来，最终将会导致你的失败。

产生违和感并不是一件坏事。这种感觉其实是告诉你还有可以完善的地方，因此，你应该积极努力地去发现违和感。如果能以实际努力去修正违和感，就能切切实实地离成功更近一步。

当面临“这个选择怎么样”时，如果你对将要做出的决定不甚满意，那就一定要提醒自己，打起精神再次审视事物的脉络方向，一直坚持，直到违和感消失为止，这将极大地降低最终走向失败的风险。请记住，当有了好的构思的时候，如果这个构思有违和感，那么无论重复多少遍，也一定要努力找到完美的替代方案。**当你感受到违和感的时候，最重要的就是回忆你最初的构想**。思辨是消除违和感的良药。

另外，当你想出消除违和感的办法时，关注自己内心的动向是一件很棒的事。例如，当我想出一个好的构思时，内心会不由自主地想到：“如果这真的是前人不曾有过的尝试，如果不赶快去做就要被人抢先了！”“这样差不多就可以了”的构思，实际尝试起来，往往不怎么样。记住好的构思出现时的感觉，并不断地尝试再现这种感觉。将对违和感的本能感知力变成自己的武器，即便向前迈进一步也好，请尽力去培养自己更接近好的构思的感觉。

ASIAN ASI

2014 年

使用亚洲食材并以“ASIAN ASI”为名的罐装品牌包装设计。

现有罐装设计的上面和侧面，照片和文字混合在一起，信息较为重复。

于是开发了名为“仿容器罐”的新手法，店面也装修得非常漂亮，设计让人真真切切地产生购买欲望。

客户：MARUHA NICHIRO CORPORATION

盛りつけ例
ASIAN
盛りつけ例
盛りつけ例
盛りつけ例

19

丰富的经验将引领你创造

A wide range of experience leads to creativity.

孩子偏食的时候，往往会说“这不是我想要的味道”。我不禁会想，如果依然是这个味道，若是能与他想要的一致，他是不是就喜欢了呢？我对此深感兴趣。在一项调查中，我们询问了职员对在一起办公的上司印象如何，结果显示，职员们好像对言语及行动更易预测的上司更有好感。这样看来，人们似乎更喜欢可以预测的事物，而不喜欢难以预测的事物。想必这是源于生物为了保护自己的后代，希望能够对安全进行确认的本能。

一个人可以预测的范围大小取决于一个人的经验。简单来说，虽然经验丰富的人喜欢的事物会增多，并感受到更多的幸福，但离开自己狭窄的世界后，让人讨厌的、不安的事物也会随之增多，安全感也随之降低。**经验的多少对一个人的幸福感及不安感有着极大的影响。**

设计师的工作就是为他人创造新的体验，设计师自身经验的多样性将直接关系到产品的品质。比如设计一座酒店，如果设计师本身不知道好的酒店是什么样，当然不可能设计出来。所以一开始必须尽快去好的酒店住一住，并仔细观察。为了创造出好的设计，要尽量多去体验，将自己的经验值提升到一个优秀的基准是十分重要的。

一直怀有强烈的好奇心，遇到没听说过的食物就积极去试吃，即便是穷学生也要试着去尝一尝高级酒店会所 100 元一杯的红茶。如果去美容院，就去看看平常不会看的女性杂志；如果有了新兴趣，就去旧书店找一找相关的书籍；如果出现了新的设备工具，至少要先接触看看……这样**日积月累的新经验将成为你创造性构思的源泉**。由此磨炼出的经验，不仅对作为设计师的你会有帮助，而且对提升你在日常生活中的幸福感也会大有帮助。

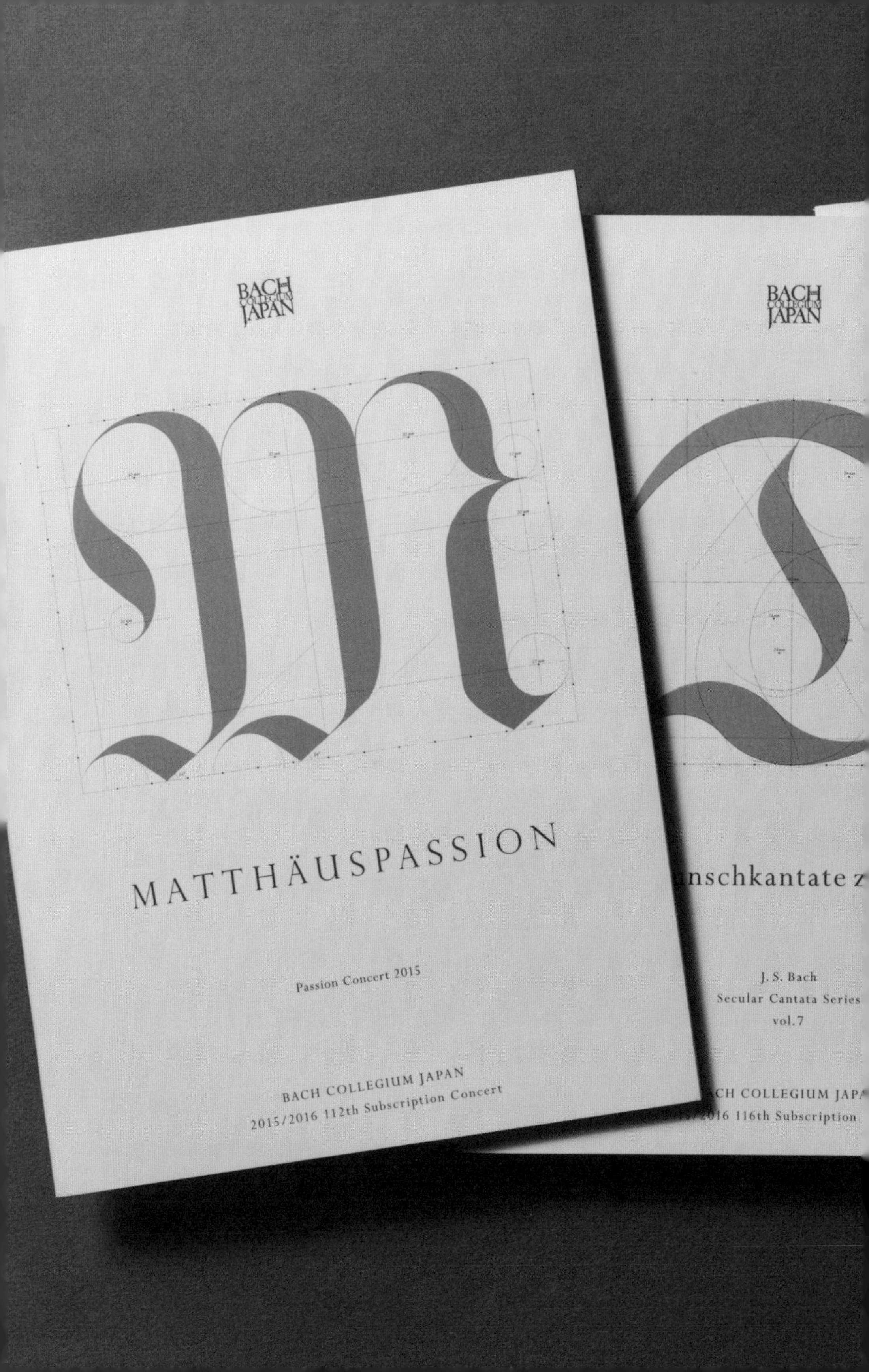

BACH
COLLEGIUM
JAPAN

MATTHÄUSPASSION

Passion Concert 2015

BACH COLLEGIUM JAPAN
2015/2016 112th Subscription Concert

BACH
COLLEGIUM
JAPAN

unschkantate z

J. S. Bach
Secular Cantata Series
vol.7

CH COLLEGIUM JAPA
/2016 116th Subscription

Bach Collegium Japan Program

2015 年

日本巴赫学会演出节目单的封面设计，用古乐器再现巴赫举世闻名的管弦乐。

见识了巴赫的乐曲后，将其结构特征与建筑设计细部图和排版艺术相融合并表现出来。

客户：Bach Collegium Japan

20

环境告诉我们应该怎么做

Context teaches us what to make.

你应该有过这种经历，在挑选家居用品的时候，明明挑选了喜欢的桌子、喜欢的杯子、喜欢的杯垫，想着这样一来，室内装饰应该很不错才对，结果却发现它们不协调，风格也不统一。当你选购这些东西的时候，是仅仅考虑你要买的东西，还是会想象着使用它的状态——“感觉与此处相适合”来进行挑选呢？比较好的方法是后者，挑选时尽量考虑其周边物体的状态，也就是环境。

品位的问题，前面已经通过来自伦敦的银行业精英约翰讲过了，这里请再次想象一下约翰先生。想象约翰先生会挑选的高级皮鞋的鞋盒，感觉一定会是非常坚挺的纸盒，纸质名贵，正中间是烫金印刷的经典 LOGO。然后再试着想一想，约翰先生作为礼物送给恋人的巧克力的包装盒，似乎也是硬挺的纸盒，名贵的包装纸，正中央印着经典的烫金 LOGO……你是不是也这么觉得呢？

不可思议的是，全然不同的皮鞋及巧克力两种物品，使用同样的设计感觉都挺合适，为什么会这样呢？因为虽然是不同的物品，但两者都是约翰先生所喜欢的，这一点是一样的。

由此可见，环境作为一个背景，其实已经在很大程度上决定了设计的走向。进一步说，**如果理解了环境，自然就会明白设计应该是什么样的**。在慢慢习惯创作设计之后，如果能像这样结合如何协调周边环境来进行考量，一定会更容易为人所接受。

在艺术领域，环境一般是指历史文脉。若能理解人们对艺术的评判往往会以其在历史中相应的位置为基准，在艺术界的奔波也就会变得容易些吧！不只是艺术界，**对于任何创新的表现形式，都不仅要对其空间情况进行考量，而且也要对时间情况进行思索，这是至关重要的。**

{tabel}

2015 年

以颜色来表现传统草药茶功效的包装设计。

通过运用药草标本图案的照片，营造 100 年前植物研究所那样的氛围，传达“古方药草”“健康学习”及“有机”的品牌理念。

客户：{tabel}

The Glechoma & Adlay Tea from

The Shell Ginger Tea from

21

当你树立目标时，描绘出具体的情景

When you think of the goal, paint the picture.

常常会听到别人说："如果想要达成目标，就去想象成功的情景吧！"没错，那么成功的情景具体该如何想象呢？这个答案是与设计密切相关的。

对成功情景的想象不仅仅是含糊的"我想成为这样"，而且是**要想象出足够详细、蕴含细节的情景**。例如说，试着想一想"成为一名成功的经营者"的情景，首先要闭上眼睛，然后去想自己从事了何种职业，有一间什么样的办公室，员工的性格如何，住在什么样的房子里，穿着什么样的衣服等。请去想象具体的、有细节的情景，而不仅仅是一个概括的愿望。这些想象中所蕴含的信息，是"成功的经营者"这几个字中没有包含的，这是通过挖掘其真正的含义而展现出的具体的目标情景。

再比如说，如果我要创立一个品牌咖啡店，在构思如何设计之前，我会先想象一下一家怡人的咖啡店是什么样的。桌子什么样，墙壁什么样，菜单什么样，客人们又是什么样……在这之中，在自己所追求的情景里能够见到什么，会发生什么，有什么样的声音，有什么样的味道等，如果通过自己的身体感觉去想象，设计自然会浮现在眼前。我在思考设计的时候，眼睛总会不由自主地失焦，恐怕这时脑内的视觉神经用在了想象上，这样才会见到如同虚拟现实一般的场景。

有先见之明的经营者被称为幻想家，他们能够通过情景想象预测出实际状况，甚至还能展示给同伴。**表现力，即为情景的想象力**。通过调动视觉、听觉、嗅觉、触觉、味觉等五感，对所追求的未来的状况进行具体的想象，就能想出与真正想要实现的目标紧密相连的各种因素。只有想象出来，才有可能实现。

Techtile #4

2011 年

通过耗资少、直径 6 m 的巨大气球集合体，让你感受到触觉这一感觉，图为触觉技术研讨会的会场设计。

客户：山口信息艺术中心（YCAM）

合作：Techtile Executive Committee

22

从理想开始反推

Start with your ideal, then think backwards.

构思一个新想法的时候，请先试着在脑海中不断询问自己想要的理想状态是什么样的。在考虑其他各种事项之前，先快速地想象出理想的样子，比如“理想的海报是什么样的”，“理想的家是什么样的”。为了将应有的关联性通过所创造的形体直接呈现出来，最见效的方法就是从理想状态进行反推。

在思考形体的时候，如果你对该领域的了解太过深入，你的专业知识可能反倒是一种限制，让你的反推变得更困难。此时，不如先抛开你的知识及不可能的理由等，先确定出一个理想的状态，想象出它的模样。如果养成这种习惯，就会离创新的想法越来越近。

例如，试着考虑下“理想的照明”。从人类尚未出现时起，夜晚最明亮的，就是满月。夜晚照明的终极形态就是月亮，这是谁都不会否认的事实。如果能想象到月亮就是理想的照明，你的设计理念也就随之确定了。“月”这一作品就是以月球为原型而创作的照明设计。用现在人类技术所能实现的最具真实感的设计来实现理想的夜间照明，这种极富冲击力的设计理念，与我本人是不是一名专业灯光设计师并没有什么关系。

所谓理想形态，在大多数情况下只具备单纯的原型性，理想的照明当然也会有各种各样的定义。“月”只是答案之一，“太阳”也可以是一个答案，“没有光源的光”也是一个答案。所谓的理想状态并不只有一个，事实上可以有成千上万个。在这些理想状态之中，我们首先要挑选出实际可行的想法，然后找出实现它的具体方法。从开始实现它之时起，实现理想的专业知识就是必不可少的。**理想先行，专业相随**。如果这样进行思考，就能超越自身的主观认知，不断地实现那些优秀的理念。

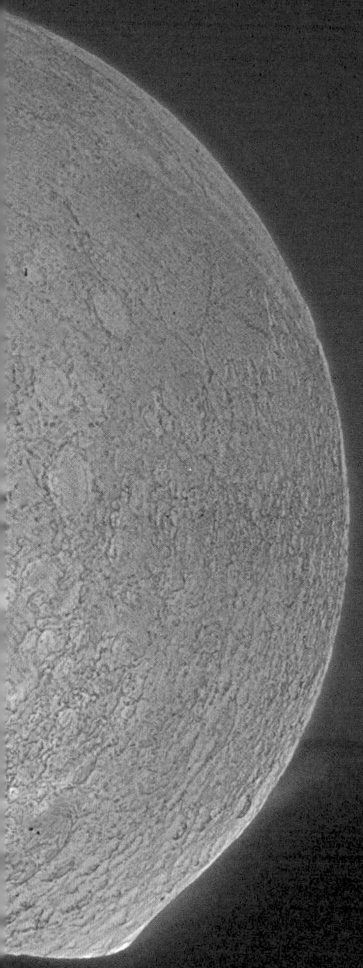

The Moon

2011 年

月球形状的 LED 灯。

在我苦思冥想离我们最近的光的时候，最终想到了自古代起就一直照耀着地球的月亮。

设计以 JAXA（日本宇宙航空研究开发机构）发射的卫星“辉夜姬号”所观测到的 3D 影像为原型，精巧地再现满月的形象，这或许是对夜间照明最忠实的诠释。

合作：K's DESIGN LAB

23

做自己想做的

Make what you want.

在我们的人生中，会遇到许许多多的人。如果从细微的差别来看，每个人都是完全不同的个体。但是，我们之间的差别真有那么大吗？

例如，我与大家的饭量其实差不多，睡眠也差不多，感觉舒适的温度也是20度左右，感觉幸福的事物也大抵相似。虽然人们常说每个人都是不同的，但其实人与人之间并没有那么大的差别。使自己感到高兴的事物，多半也会使别人感到高兴。因此**创造好产品的诀窍，就是相信自己与他人之间的同感，创造自己想要的东西，而不要创造自己不想要的东西**。不要妥协，在做出自己满意的作品前，要坚持不断改良，依据调查结果进行判断，最终会得出正确的答案。因为，人与人之间远比我们所想象的更为相似。

这虽然听起来很简单，但有一点一定要小心，那就是创作虽是由自己完成的，但评判的时候一定要站在使用者的角度来看。或许自己觉得自己做的烧焦的鸡蛋卷还挺美味的，但是如果将其作为餐厅的一道菜品，就太让人失望了。自己虽然认为自己所做的设计还不错，但同别人的设计一比，似乎就算不了什么了。若只着眼于自己做的这一点，就会变得很容易妥协。

不要被主观感受欺骗，在真正达到自己真心想要的目标之前，要不断提升设计品质。一定要建立起将“进行产品设计的自己”与“审视产品设计的自己”两者分离的意识。也就是说，**自己与作品之间需要保持适当的距离，以保证自己的眼光具备客观性**。想象一下，当你选购自用商品或者选购赠予他人的商品时，你是否会选择那件商品呢？它的价格、颜色及形态是否足够吸引你呢？试着从购买者的角度对作为产品设计师的自己进行批判。如果能一直改进，直到让使用者真心觉得“现在马上就想要，有人帮我做出来吗，快点做出来吧”，这个产品就没什么问题了。这个产品一定会是一件成功的产品。

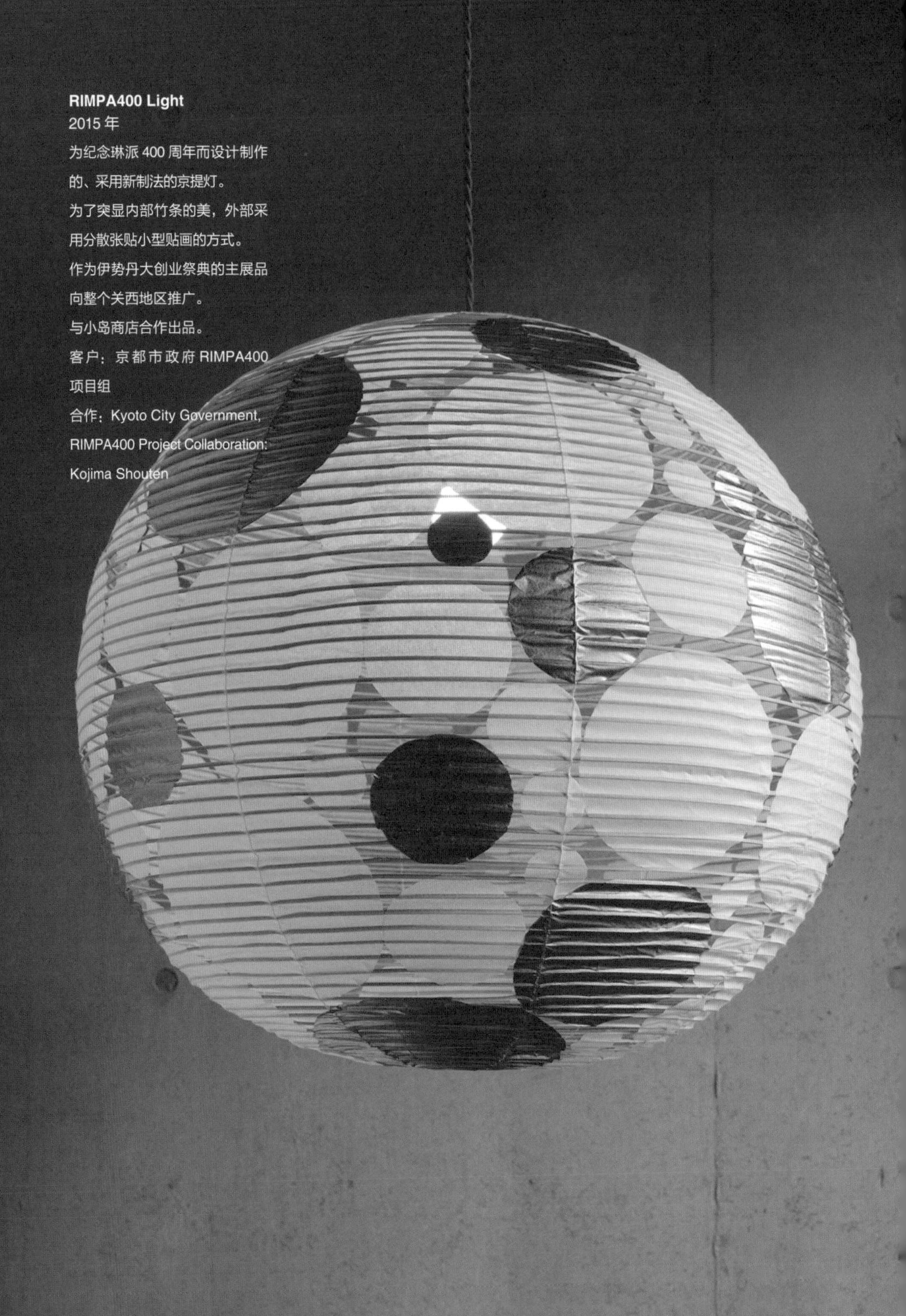

RIMPA400 Light
2015 年
为纪念琳派 400 周年而设计制作的、采用新制法的京提灯。
为了突显内部竹条的美，外部采用分散张贴小型贴画的方式。
作为伊势丹大创业祭典的主展品向整个关西地区推广。
与小岛商店合作出品。
客户：京都市政府 RIMPA400 项目组
合作：Kyoto City Government, RIMPA400 Project Collaboration: Kojima Shouten

RIMPA400 Wallet
2015 年
为纪念琳派 400 周年而设计制作的、活用京都传统的“引箔”技术进行设计的钱包。
与西山治作商店合作出品。
设计理念是最能带来财运的钱包。
客户：京都市政府 RIMPA 400 项目组
合作：Jisaku Nishiyama Works

CHAPTER 3

TRIGGERING INNOVATION

引发创新

24

原点处有最有力的答案

A strong answer lies at the origin.

座椅最早是如何出现的呢？想必最早的座椅并不是由人刻意制作的，可能只是有人将坐过的大石头或者木桩带回家了吧！从那时起到现在，为了制作出好用的椅子，设计师们创作了不计其数的作品。有靠背的椅子、有扶手的椅子、可折叠的椅子、躺椅、沙发……座椅的发展如同生物的进化一般，逐渐衍生出许多类别。

其实不只是座椅，服饰、家装……所有的一切都在历史长河中传承发展，描绘出相似的设计进化图。**现在，如果你有了新的构想，就为这张进化图增添了一个新的分支**。只有这种认知才能帮助你在历史上留下优秀的设计。虽然无论什么样的设计都是进化图的一部分，但如果不能给他人深刻的影响，不能作为一个新的类别留存，那就只会随时间慢慢消逝。如果你想做出名垂青史的设计，就必须记住，你要做的不是完善设计图的枝叶，而是尽量接近根部，让你的设计成为一个新的分支。

那么，如何才能找出靠近原点的解答呢？方法就是常常问自己“这个东西究竟是如何产生的呢”“究竟是为何而存在的呢”，然后不断思考新的答案。**无论何时何地，越是深入进化图的根部，就越会发现：还有很多尚未被挖掘出的、足以重塑历史的新想法**。即便只是用今天的常识重新审视事物的原点，也常常能挖掘出那些在过去的技术条件下没能实现的绝妙想法。

不要找一些“我已经想尽一切办法了”“一切都很糟糕”的借口，无论今天或明天，都要怀着新奇心重新审视原点。那些能颠覆传统的、划时代的想法至今仍静静地待在那里，等待你去探索与发现。

KINOWA

2013 年

使用日本产的杉木间伐材制成的灯具。用木材的下脚料制作，直接利用木材的裂缝进行加工，制作时几乎不会产生废料。

因形式简单，在加工间内即可完成。为推广这一做法，我们将使用间伐材制作灯具的设计图纸公开，让其他木材加工厂商也能与我们合作。

客户：BUNSHODO CORPORATION

25

不要只看，要去观察

Don’t see. View.

宫本武藏在《五轮书》中关于“看”有如下记载：观、见二者，观强，见弱。只会用自己的眼睛 “看”的人多是弱者，能够客观地“观察”对手及自身的人才能变强，这就是剑道的终极意义。这句话精辟犀利、深得我心。

本书频繁地倡导需要站在他人的视角来思考问题。宫本武藏所谓的“观察”，就是教导我们要转换自己的视角，尝试从他人的视角、集体的视角、社会的视角、历史的视角来看待问题。宫本武藏是一个深受佛教思想影响的人，我们熟知的观自在菩萨“观音娘娘”，称谓“观自在”就是指其拥有一双善于观察的眼睛，具备高瞻远瞩的能力。**超越自身，从更大的视角来审视当下的情况，才能正确判断自己此时应该做什么。**如果自身眼界太过狭窄，就容易产生主观臆断。比起将可见的消息置于核心地位，从宏观上观察其所处的背景及环境等更能帮助我们做出适宜的判断。战术与战略分开进行，思考与行动反复交替，分清主观与客观，超越自身想象力的极限，这些一直都是哲学及历史领域经久不衰的话题。

综观大局，有时能帮助我们看清事物的走向。在与多数人息息相关的状况中，必定会有各种人及各种关系的发展走向。对于足球选手而言，其能力的强弱不仅体现在身体能力上，更重要的是其对场内空间的把控能力、感知比赛走向的能力，这些将直接关乎比赛的成败。能够意识到自身周围及自己所处领域之外事物的发展走向，对于成为一名优秀的专业人士来说是至关重要的。

创新的设计本来就产生在不同的领域之间，就着某个绝妙的时机便爆发式地出现。如果能养成不断在自身及外部客观的环境之间来回审视思考的习惯，那么在这个过程中，你一定能发掘出全新的问题，思考出更接近本质的答案。因此，为了将你所见的关联性转化为设计，请务必留心观察自己之外的事物的走向。

Space Space

2014 年

以从太空拍摄的卫星照片为依据，运用 LED 系统单独开发的装置，以再现亚洲夜景。

带给你从 4000 km 高空观览亚洲的新体验。

横滨三年展的一部分，在“寻找亚洲”亚洲文化交流艺术展展出。

客户：YCC

26

同时满足创新性与普遍性

Satisfy both novelty and universality.

回顾那些名垂青史的美妙设计，我意识到它们绝大部分兼具创新性和普遍性。要同时满足这两个相对立的条件，似乎不是一件容易的事。想做出创新性的设计，就很容易变得荒诞不经；想做普遍性的设计，则很容易落入俗套。在这个狭窄的区域内，要想发掘出绝妙的设计，究竟该怎么办才好呢？

可以确定的是，绝妙的想法并不是轻轻松松就想出来的。认识到这点就会明白，**只有不断往复于思考创新性的方法与思考普遍性的方法之间，反复思考才能切实有效。**

如果你只是追求全新的想法，那并不是很难。将一件事做到极致，例如，做出世界上最长的三明治，或者做一些出人意料的组合，比如在蛋糕中加入章鱼烧。但是这些都不过是未经深思熟虑、超出常规的事情罢了。换言之，这是通向平庸之路。

那追求普遍性的想法又如何呢？同样，如果只追求普遍性，也不是什么难事。普遍就是普通，这样的想法大多是顺理成章的。例如，这个人需要在这个地方使用到，那理所当然就应该设计成这种样子。像这样在常识范围内不断地将所需要构想的成立条件整合起来，自然就会做出具有普遍性的设计。这是通向平庸之路。

若你能不断地在这两种方法之间往复，有时你会发现，自己的某个想法虽然是全新的概念，但细细琢磨，也的确在常理之中，这就是一种奇迹。称之为奇迹，其实是说这种构想源于偶然的发现。然而，**不断地思考正是人为确保这种偶然性发生的必要条件，这也是激发灵感的条件。**

Mozilla Factory Space
2013 年
提供火狐浏览器服务的
Mozilla 日本办公室。
基于开源理念，利用随处可见的材料打造办公空间及家具，并将设计数据公开，谁都可以免费使用。
由法国及日本的厂商发售，美国（硅谷）等纷纷效仿。
客户：Mozilla Japan

27

超越自己的领域去学习

Disciplines exist for you to learn beyond them.

无论是设计、艺术还是料理，**判断其优秀与否的标准大致可分为两个方面，一方面是“品质”；另一方面是“哲学”，也就是思想的高度与新颖度**。追求优秀的诀窍就在于平衡地提升这两个方面的技能。

学习各个领域的专业知识是提升品质最有效的方法。如果不学习前人的技术，就无法真正达到优秀的水平，任何人在一开始都应该悉心学习基础的内容。但是，学习“哲学”的时候，专业性有时会变成一种阻碍，因为已有的价值观往往会束缚我们的思维，使我们的眼界变得狭窄。为了巧妙地维持二者的平衡，我们需要具备跳出自身专业领域的能力。

无论哪个领域，凡是处于专业制高点的人都具备放眼自身专业领域之外的能力。甚至可以说，如果你希望自己进步，就必须学习其他领域的东西。千利休认为，学习的过程可以这么表述：极力守护，哪怕被破坏，哪怕会远离，都永远不要忘记本源。学习现有的品质，保持原型。提升打破常识的可能性，在“远离”社会的地方创造新的关联性，但“本源”无论如何都不能改变。约瑟夫·休伯特将革新的概念定义为“新结合”，这就是指要了解自己领域之内及之外的事物，并在它们之间寻找新的关联性。

NOSIGNER 一直奔走在跨界设计的征途中。不仅是我们，现在各个设计领域都在慢慢朝着联合设计的方向发展。让我们一起一面学习必要的基础知识，一面走向跨界之路吧！像伊姆斯及勒·柯布西耶一样！所有给历史带来了新的关联性的设计，都是产生于不同领域的交互之中的。在经历了高速发展时期之后，在迎来了设计及经营等领域分家的现代，架起各专业领域之间联系的桥梁是每一位设计师义不容辞的职责。

DESIGNED BY NOSIGNER
2013

A

11		MM	MM	MM	
1	C	1100	1100	160	1

MOZILLA FACTORY
OPEN SOURCE FURNITURE

DESIGNED BY NOSIGNER
2013

MOZILLA
FACTORY
OPEN
SOURCE
FURNITURE

MO
MO

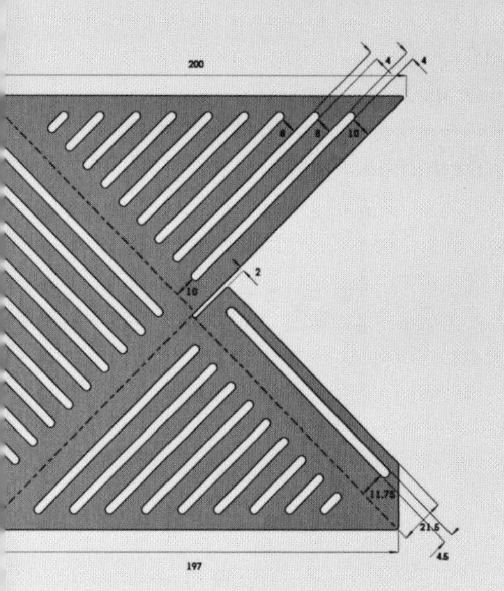

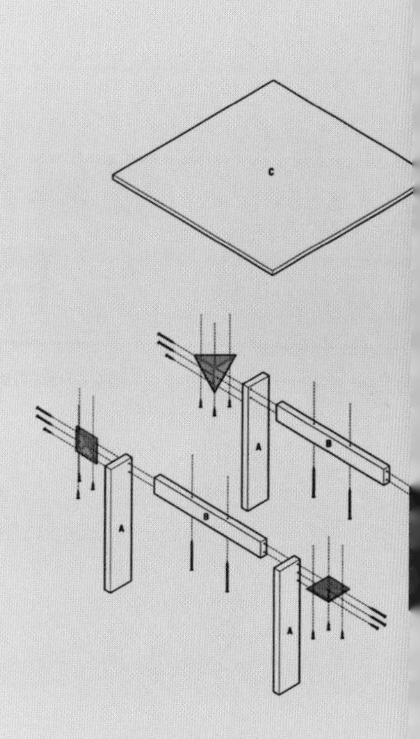

Open Source Furniture

2013 年

为 Mozilla 办公空间设计的家具。

为了方便他人使用，将设计图纸转化为信息图形，成为不用语言就可以传达的设计。

实现了建筑设计领域及平面设计领域的跨界合作。

客户：Mozilla Japan

28

理解共通的法则后再重新思索

Understand the common rule and hack it.

作为一名设计顾问，我与许多行业的人都共事过，例如指挥家、研究员、僧侣及 IT 从业者等。在与各行各业的专家一起共事的过程中，大多数情况下，我都是从对对方的领域一无所知的状态开始参与，这常常会让我感到既惊又喜。作为一名业余人员，要在专业表达方面对各领域的专家提出战略性的建议，这可以说是一项相当需要理解力与直觉的工作。在此，需要活用将“品质”与“哲学”分开考虑的方法。

对一个领域建立良好的直觉，重要的是持有“观察之眼”。无论哪一个领域，都存在其“型”，就是该领域从业者所共知的、可据此对品质进行判断的原则。因此，关于设计战略，我们首先要对该领域内的原则有深刻的理解。背景中有什么样的文脉，判定“优秀”的标准是什么，是否与衡量品质的标准相吻合等。这些就是当你与专家谈话时，一开始所需要探讨的话题。

这样，**一旦你理解了标准，就可以试着以审视的眼光重新对标准进行解读，这也可以说是哲学的更新**。只要能够满足体现品质的基准这一要求，其表现方法就算非同寻常也没有关系。比如，要制作航空机械学科的入学说明，什么样的表现形式才具有感染力呢？单就印刷而言，比起用钻孔机切割巨大的铝块，也许运用纳米技术进行微型印刷更能引起学生的兴趣。

如果想要更接近对方，就必须一边理解品质的基准，一边跟随学习。这样就有可能换一种方式对基准进行重新解读，从而催生全新的哲学。创造性的想法往往是从对基准的再定义而来的。

WASEDA UNIVERSITY APPLIED MECHANICS AND AEROSPACE ENGINEERING
早稲田大学 理工学術院
基幹理工学部
機械科学·航空学科
基幹理工学研究科
機械科学専攻
2016
www.amech.waseda.ac.jp
METHOD: MILLING フライス加工
OVERALL VIEW 全体図
REAL SIZE 実寸
METHOD: 3D PRINTING 3Dプリント
METHOD: LASER PROCESSING レーザー加工
METHOD: MICROMACHINING マイクロ加工
非線形システムの科学/力学系の応用数理
Nonlinear Science, Dynamical Systems and Geometric Mechanics
吉村 浩明 教授
Hiroaki YOSHIMURA, Professor
ターボ機械システム/最適設計,流動不安定,キャビテーション
Optimization design, flow instability and cavitation of Turbomachinery system
宮川 和芳 教授

AMECH

2014 年

早稻田大学机械科学·航空学科的专业宣传册设计。为了表现“学生能够依靠自己的能力创作成果”的主题，宣传册展示了学生工作坊内各种各样的加工工具，包括 3D 切割机、3D 打印机、使用纳米技术的大功率激光切割机等。

客户：早稻田大学基本理工学部机械科学·航空学科

29

简洁就是让你的概念浅显易懂

Simplicity is about making the definition obvious.

简洁，是设计中常用的表达语言之一。简洁常常会被误解，被认为是简简单单的四边形白色体块，只包含少量的、单一的信息。但事实并非如此，**简洁的真正含义，是指用最简单的方式表达理念。**

设计跟语言有着非常相似的性质。例如，我们说一个人说话清晰明了，就是指他说话条理清楚，没有废话。而说话难懂的人，往往是无关的话太多，从而让人不明就里。

设计简洁与说话易懂颇为相似。想要很好地传达你的意图，就应该尽量减少无关紧要的元素，明确表达主题。因为一般人一次能够摄取的信息量有限，如果到处都充斥着杂乱无关的元素，那么就不能很好地表达主题。为此，必须尽可能地去除无关的要素，只突出真正想要表达的内容，这对于创作易于理解的设计，也就是简洁的设计而言，是非常重要的。

对于设计，我认为好的设计就是“符号很少，关联性却很强”，也就是用最简练的手法表现最强的关联性。

因此，我们在进行设计的时候，**不要一开始就考虑形式，而应该试着问自己“这个设计最想表达的概念是什么”**。例如，文具店的文件夹是方形的，因为文件纸张都是方形的；杯子的直径一般不超过 9 cm，因为只有这样，手才能很好地握住。由此可见，物体之所以如此，是因为当我们想要将需求直观地转化为实体时，这就是我们所发掘的最简洁的形体。因此，当我们想要将概念实体化时，就不能仅仅考虑使设计易于构想，还需要考虑使用户在信息量有限的情况下容易理解，这样才能真正做出简洁的设计。

PUBLICUS
2013 年
为实验“新型公众”而设计的创新标志。
“○”形有开放且包含全部之意，之所以这样设计，是因为作为一个表达公众的符号，“东日本桥那个带有发光圆圈的大厦”这种说法很容易被记住。
客户：PUBLICUS

PUBLICUS
MAKE
US
PUBLIC

30

减少基本元素，增加意外元素

Add the unpredictable. Subtract the fundamental.

构思的基础就是做加法：凳子加上靠背和扶手就变成了椅子，杯子加上把手就变成了茶杯。人们不断通过对概念做加法而发明新事物，对物品适当做加法而产生新的发明，这其中的诀窍，就在于要补充相应的元素，以产生“适当的意外性”。“草莓大福”及“咖喱盖饭”就是很好的例子，它们虽然完全不同，但本质颇为相似。如此这般将不相关的事物进行绝妙的重新组合，好的构想便喷涌而出。

不只是加法，减法对于构思新想法也非常有效。尤其是对某种既存物品进行革新的时候，如果能够去掉某项迄今为止都一直存在的元素，设计便有了新的进步。没有桌脚的桌子，没有镜片的眼镜，像这样试着将最基本的元素去除，也许会有新的发现。例如，内燃机的问世，就是尝试去创造没有马却依然能够奔跑的马车。像这样，通过使用新的技术，就有可能将迄今为止没能去除的元素去除。

虽然做加法是一种较为简单的给物品增加新功能的方式，但随着元素的增加，形体可能会变得难看，概念也可能变得混乱。**一边将形体元素减小到最少，一边巧妙地仅加入与创造这种新物品相关的必备元素**，这种意识真正关乎一个设计优秀与否。活用技术的时候也一样，使用技术并不是目的，而是为了产生关联性而使用的手段。如果对此判断失误，研究者或生产者就很容易陷入自我满足的境地。例如，便利贴是将划时代的粘贴技术添加到纸上，从而实现了单凭纸张或粘胶实现不了的功能。请记住，虽然在革新的思想中做了加法，但并没有增加符号，而只是创造了新的关联性。

无论是对概念做加法还是减法，都需要改变常规概念。这是构思新想法的有效思考方式，最好能够将其变成你日常的一种思考习惯。作为开端，请务必试着思考一下目前手头的工作，哪些可以做加法，哪些可以做减法。

HK Gravity Pearl

2010 年

全新的人造珍珠开发项目。

所发明的人造珍珠通过强劲的磁力相互联结，可以自由组合成项链、戒指、胸针或耳环等。

通过在人造珍珠中加入金属钕，实现了迄今为止的人造珍珠所无法创造的关联性。

客户：JAPAN IMITATION PEARL & GLASS ARTICLE'S ASSOCIATION

31

撕掉标签，获得好的构思

Exclude labels to discover ideas.

请想象一下一把椅子。它有四个脚、靠背和椅面，是一个供人坐的物体。我们大家都知道“椅子”一词的含义，当我们跟别人提起的时候，不必具体去解释，别人也能够明白我们的意思。

椅子的作用是为了减轻我们双脚的负担，利用臀部及大腿来分担人们身体的重量，从而使我们感到轻松愉快。然而，无论谁看到了椅子，都不会去想“啊，这是一个利用臀部及大腿来分散体重的装置”，而只是单纯地认为“这是一把椅子”。人们通过给事物命名，从而将冗繁的信息抽象化，使其更加简单明了。但反过来看，也正是因为命名，人们才很难看到事物内部所蕴含的“它究竟为什么是这样”及“它蕴含了什么样的关联性”等问题。

被语言的概念所束缚，认为椅子就是椅子，这使得我们很难想出好的设计或者发明。如果能认真去思考椅子的本质，就会意识到它是一个“利用臀部及大腿来分担身体重量的装置”。如果不去思考它为什么是这样子，而只是做出一些奇形怪状的形式，是不能算作设计或者发明的。

因此，**在酝酿新想法的时候，请先试着将名字抛之脑后**。例如，将你目之所及的所有事物都看作椅子，床是椅子，窗户是带金属框的椅子，空调是椅子，甚至连空气也是椅子，使用它们是否能分担身体的重量呢？带着这样的想法去大街上走走看，几分钟内你就能产生上百种想法。虽然这之中的大部分都是无用的，但继续坚持下去，当你有了成千上万种构思的时候，其中必然隐藏着绝妙构思的原型。从名字的束缚中解放出来，释放由语言而固化的关联性，深入思考使事物重新建立新的关联性的可能性。在这个过程中，往往能挖掘出好的想法。

Charcoal Candle
2013 年

以真正的木炭为原型制作的含有炭的蜡烛。

最早作为灯为人类带来光明的物体就是木材，以这个想法为基础做了这样的蜡烛设计，以纪念它曾经帮助人们战胜了漫长的夜晚。

32

活用相似的特性

Apply similar phenomena.

我们在日常生活中，每天都会遇见不计其数的事物，而后又慢慢忘记它们。虽说我们并不打算去了解它们，但事实上我们都在无意中知道了很多东西。例如，如果你拿着“古代法语字体”和“古代德语字体”去让成年人辨别，虽然他们对文字的历史一无所知，但大多数能给出正确的答案。由此可见，我们其实会在无意识中记住我们所见过的形态。

如何在设计中活用人们无意识地进行记忆这一特性呢？其实，通过言语进行比喻就能够很好地帮助我们。例如，“像酒吧一样的拉面馆”，虽然酒吧与拉面馆的气氛全然不同，但事实上二者都具备吧台这一共性。以此为基础，将拉面馆的台面打造得如同酒吧一样绚丽，不就能将拉面馆的价值提升了吗？如此，在构思的时候，将乍看之下毫无联系的事物通过比喻联系在一起，活用对方已知的信息，就能让你的想法更加鲜明易懂。

另外，对于将比喻升华为设计，了解“具备那种特性的形象的理由”非常重要。日本在将有机化妆品的理念变成品牌时，选取了“神社穿白无垢（和服的一种）的女性”这一概念。无论是产品包装，还是店面空间设计，都选用了具备神社特质的要素进行分解、重组。例如，瓶体设计选取纯白的瓶身，配之以红色的文字，并用红色带子缠绕成和服的样子，使用了具备相应特性的元素。这个设计获得了世界最大的包装设计大奖中的美容类铂金奖。对于海外人士而言，这个设计与他们观念中的日本相吻合，是一件极富日本特色的设计。

美妙的想法往往存在于“已知的记忆”与“未知的记忆”之间。将共通的记忆中的相似部分通过形体进行再次展示，就会设计出在不知不觉中打动对方的作品。

warew

2013 年

使用日本中草药的有机肌肤护理品牌。

以日本女性独特的、日式传统婚礼礼服“白无垢”为核心理念而进行的设计。

荣获世界最大的包装设计大奖“Pentawards 2014”中美容类铂金奖（第一名）。

客户：Cosmedia Laboratories Co., Ltd.

warew

Cell Viable Organics
Emulsion *Aqua* 120ml

1

warew

Cell Viable Organics
Cleansing Foam 120g

33

整理并反复优化

Repeat assimilation and optimization.

在设计的过程中，每解决一个小的问题，就很可能会出现一种新符号。这样一来，产品难免会变成乱七八糟的集合体。事实上，做设计时最重要的就是，如同玩解密游戏一般，努力整理各种符号，使其降至最少。

前文已经提到过，简洁的设计就是将概念通过最直接的形象表现出来，将所有与想要表达的概念无关的元素全部去除。虽然设计师们常说“这样也不是不行”，但建筑师们还是会竭力去除墙壁的踢脚、减少梁的凹凸；产品设计师们也会苦心去除零件间的接缝、减少螺丝的使用等，这些都是为了尽量传达简洁之美的概念。

对设计进行优化的时候，常常会产生遵循自然伦理的感觉。对于那些因不必要的元素而形成的过于庞大的形体，人们的直观感觉是不美好的。大部分时候，**我们都会本能地认为，像动物的骨骼或植物的脉络那样简化到极限的形态才是美的**。实际在自然界中，多数情况下，物体的形态都是由以最少元素产生最高效率这一原则决定的。例如，在迷宫内的食物之间投放一些黏菌，这些黏菌一开始会在整个迷宫中四处扩散，但随着时间的推移，它们会慢慢集中于食物之间最短的线路上，迷宫也随之被破解。设计也与自然一样，只有经历了将无关元素去除的过程，才能得到美好的结果。在这一点上，可以说设计的优化与自然的进化在本质上是极为相近的。

对符号进行整理，不断朝着最优化的方向发展，直到事物达到最小的极限状态并变得美好，这个过程是对设计进行最后完善的至关重要的一步。这个过程是整个设计过程中最耗时间的一部分，但只有通过不断整理，才能真正创造出美的形态。

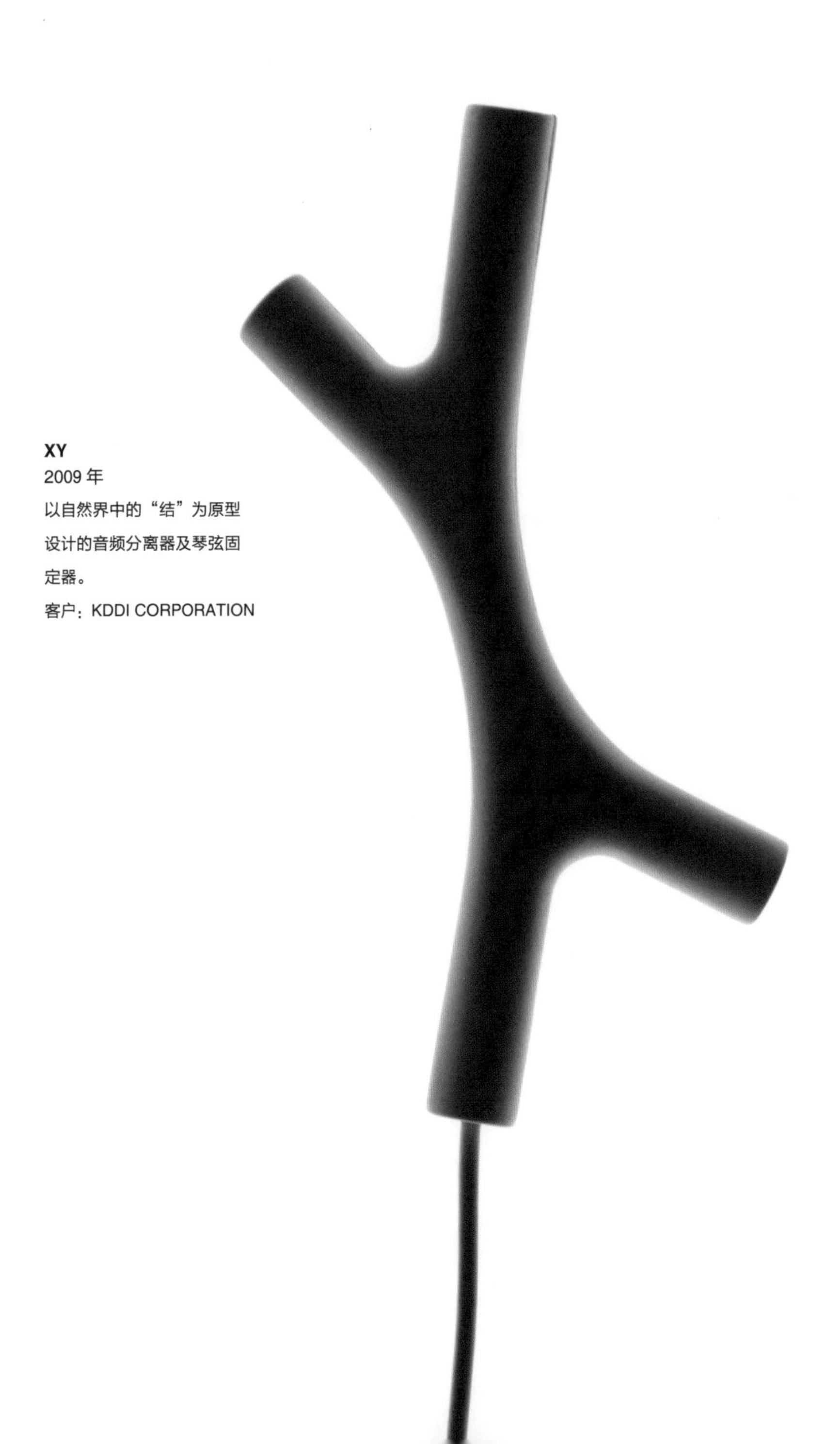

XY

2009 年

以自然界中的“结”为原型设计的音频分离器及琴弦固定器。

客户：KDDI CORPORATION

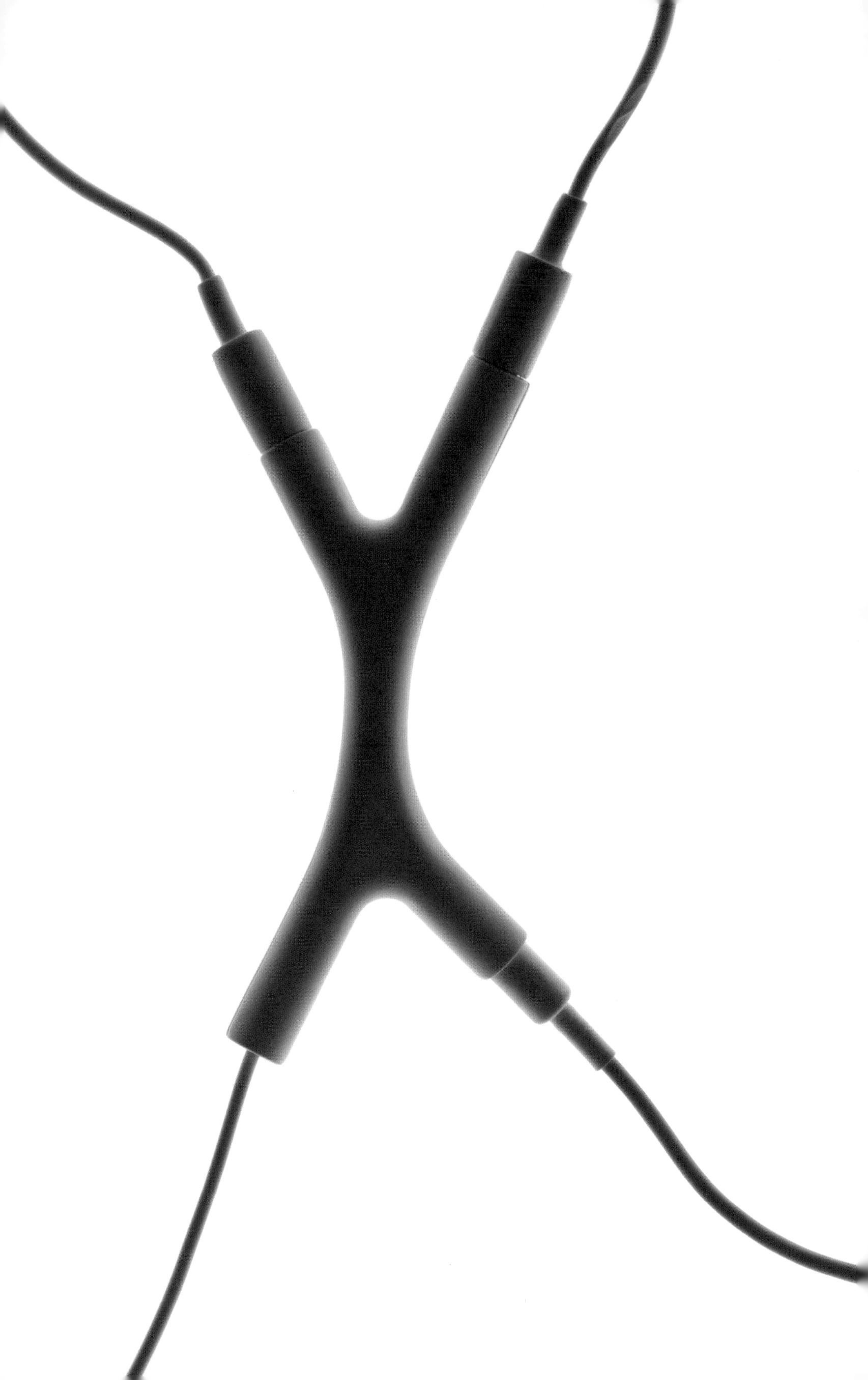

34

想象极端状态，打破固有观念

Imagine the extreme and destruct the stereotype.

在我们的日常生活中，我们会无意识地延续对事物的认知，例如，这种椅子一靠就容易断，这种包大概是这么重等。这种认知在我们的脑海中日积月累，最后形成了我们对事物的固有概念。因此，如果想要做出超越我们的经验及常识的设计，就必须凌驾于我们的固有概念之上。为了寻找到超越设想范围之外的狂热想法，可以尝试极限思考的方法，例如，考虑超越超大碗牛肉盖饭的想法，推出“桶装牛肉盖饭”，这种颠覆常识、超乎想象的思考方法往往能大有裨益。

例如，在构思的时候带上“终极”这一形容词去思考。如果是椅子，可以试着想想“最轻质的椅子”或者“脚最长的椅子”等。像这样，试着去想象其最极端的状态及实现的可能性，虽然其中大部分可能是无稽之谈，但偶尔也会出现真正绝妙的构思。另外，你也可以想象一下，如果自己变小了，如果从天空的视角来看或者从别人的视角来看……像这样，去想象自身处于某种极端状态之下，也能拓宽自身思维的幅度，更容易想出前所未有的绝妙构思。

这种**极端思考的过程不仅能有效地抛开固有思维，同时也是一种思考产品理想状态的好方法**。每当我开始思考一个新设计的时候，肯定会去考虑“产品的理想成功状态是什么”。虽然感觉自己已经有所突破了，但若是想获得极大的成功，就必须摒弃自己预想范围内的目标，将其替换为更加宏大的目标才行。

为了想出超越常识的构思，请试着以怀疑的眼光看待自己已有的认知，尽可能去想象极端状态。将常识与非常识在脑海中不断碰撞，就有可能产生革新的想法，从而发现至今尚未被实现的想法其实是可以实现的。

Waterful
2010 年
位于香港历史建筑旧维多利亚监狱内的以“水”为主题的装置艺术。
通过向从香港市内收集而来的1000 个玻璃杯注满水来展示水的美好。
仅仅只是将我们日常所见之物大量地积聚起来，便产生了我们不曾见过的美好。

35

改变关联性而非形式

Don’t change the form. Change the relationship.

形式会促生关联性。就人与物的关系而言，人站在跟椅子差不多高的物体旁边时，就会不自觉地靠上去，感到寒冷的时候，就会将布裹在身上。或者就自然与自然之间的关系而言，下雨的时候，雨水在地面上流淌，便会产生沟渠，沟渠会慢慢变成小河。由此可见，**外在形式与内在联系往往是一体的**。如果在设计的时候忘了形式与联系之间的关系，便会在无意识中设计出不好用的产品。

传统产业也常与关联性息息相关。例如，我最早了解的传统产业基地便是德岛的梳妆镜（用作嫁妆）基地。近30年来，随着陪嫁嫁妆传统文化的迅速消失，德岛的木工们受到了毁灭性的冲击。从事传统产业的设计师们必须铭记于心，若不能把握时代背景，单凭制作精美的梳妆台，对现今的德岛是毫无意义的。原材料只要到了技艺精湛的匠人手上，很容易就能变成一个漂亮的梳妆台，但如果忽视了其作为嫁妆的特性，再漂亮也没什么用。如同从书法用笔行业成功转型至化妆用笔行业的熊野笔，只要能对同样的技术进行活用，便能创造新的关联性，也就能够做到设计革新。

《般若心经》中有一句非常有名的话，即“色即是空，空即是色”。考究其原本含义的话，“色”是我们肉眼所见的形式，“空”则是指机缘或无形的关联。换言之，“色即是空，空即是色”就是说“形式衍生出关联性，关联性也会改变形式”，可以说这句话点明了设计最深刻的本质。

想象新的关联性，为了实现它，**从不断寻找相应的形式的过程中得到的形态，就能诱发这种关联性**。这样的设计，就如同其本身可以行走一般，能够不断地将关联性的根源扩展壮大。

aeru

2012 年

日本传统关乎着下一代，面向0 ~ 6 岁儿童的传统品牌“调和”，通过与“婴儿及小孩”的领域创造联系，从而创造出了传统产业至今为止不曾建立起的关联性。

NOSIGNER 对其商品、宣传册及店面的装饰进行了设计。

客户：aeru company

CHAPTER 4

PRODUCING COLLECTIVE WISDOM

创造集体智慧

36

与其给出好的答案，不如提出好的问题

Produce not a good answer, but a good question.

从幼儿园教育到社会教育，日本教育都旨在教人们如何正确地回答问题。就像“1+1=2”一般，只要能清晰地回答问题就可以了，教育系统就是为此而构建的。那些能够熟练回答问题的小孩就会被认定为聪明的小孩。然而，真的是这样吗？

像“1+1=2”这样的问题，过去已经有人解答并证明过了，一直沿用至今。无论你如何勤加练习，就提出的问题给出正确的答案，都无法有所创新，因为**对于思考而言，提出好的问题，远比给出好的答案更为重要**。这样来看，日本的教育方法是多么可悲啊！

实际上，进入社会之后，你会发现很多问题都是没有正确答案的，这些问题，如果你不从问题本身开始质疑，是无法得出接近本质的答案的。例如，工作的时候，你应该首先认真地阅读工作指南，而后在理解的基础上思考是否存在更加高效的方法，进而尝试提出新的改良建议，这才是正确的工作方法。如果你想要成为某个领域的专家，在学会了该领域的基础知识与技能之后，为了达成更高的目标，就必须思考前人未曾思考过的问题。

在设计领域，很多人都误以为高品质的作品就等同于创造力，其实不然。高品质固然很重要，但这就像是就所提出的问题给出了很好的答案一般。创造力真正的含义，是指能提出新问题、敢于质疑的能力。**若是能提出好的问题，给出高品质的答案并非难事**。理念作为设计的根本，其强大与否，正是由你所提出问题的深度决定的。你所提出的问题越接近本质，就越容易找到接近本质的答案。

给市民的 6 种创新指南
2015 年
为提升横滨市的创造力，制作了 6 面关于创新城市宣言的展示墙。
这是一个参与型装置，参与展示的市民可以在墙上留下自己对当前政务的意见，积极的意见用蓝笔书写，消极的意见用红笔书写。
戴上特制的彩色眼镜，就能看到大家的意见。
客户：YCC

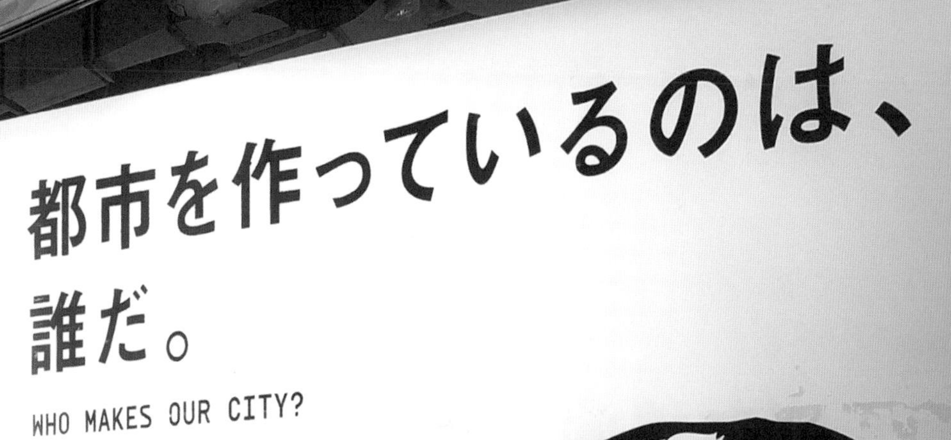
都市を作っているのは、
誰だ。
WHO MAKES OUR CITY?

37

面对提问，积极扩展

Expand from the given question.

工作，是一件为他人创造价值的事情。如果你无功受禄，即便没有法律的制裁，这也算是一种欺诈吧。正因为需要为他人创造价值，所以大部分的工作都不会是由你自己一个人完成的。

起初，你开始一项工作，大多是受到客户或者上司的委托，因此，工作的一半就是解决对方的问题。话虽如此，你也不必完全按照对方所提的要求来做，**专家的工作，与其能够将所提出的问题扩展到什么程度是息息相关的。**

事实上，倾听客户的问题并解决问题，并不意味着你就是一名优秀的设计师。大多数情况下，因为客户所提出的问题多较为狭隘，所以构思一个好的设计去解决它并不容易。真正优秀的设计师，会尝试深究客户所面对的问题的深意，与客户站在同一立场上，进而获取对方的信任，由此将对方尚未思考到的问题一并解决。

例如，在“木之翼”（KINOWA）这个项目中，我们将“改变难以销售的间伐材家具品牌”这一问题，扩展为“如何使用对环境影响最小的方法来制作家具”，进而提出了使用间伐材原本的规格和形状来制作家具的方案。这种将问题扩展的意识，与设计理念的提升是紧密相连的。

需要注意的是，不要将问题扩展到自己无法解决的程度。**正确的做法是一边在自己力所能及的范围内极力扩展，一边思考其对于这个世界有什么意义，也就是提炼设计理念。**为此，我们需要不断提升自己，拓展自己的能力范围。极力扩展所面对的问题，并提出高品质的解决方案，这才是专家的从业之道。

KINOWA OPEN SOURCE WOOD FURNITURE

2013 年

提出了保持间伐材的圆木、板材及边角料的原有状态并直接使用的方案，打造对环境影响最小的“自然家具”品牌。在日本搭建起开源平台，将使用对环境影响最小的间伐材制作家具的图纸进行资源共享，使各行各业的人都能便捷地加入促进日本森林再生的行列。

客户：BUNSHODO CORPORATION, Japan Forestry Agency

38

锻炼与他人共鸣的能力

Train your sense of empathy.

如果你曾经被人说“只会按照别人说的来做”，那你可要注意了。虽然听起来有点没道理，但这其实说明了你在工作时不太考虑周边的状况，被人贴上了“难以产生共鸣”的标签。

人们将能够放空自我、对话神明的人称作“巫女”，日本青森县恐山地区的巫女至今仍大受追捧。以巫女为据，**我将能够揣摩到他人心思的能力（即对共鸣的敏感度）称为“巫女力”**。这种能力能够使你暂时搁置自己的主观意识，从周边的视角出发去考虑问题。如果你能锻炼出这种能力，你的工作及人生都会变得更加顺利。

共鸣的产生包含态度与行动两部分。在一个团队中，如果团队成员很容易产生共鸣，那么这对这个团队的高效运作是十分重要的。在态度方面，你可以通过认真倾听对方的话语、设身处地地站在对方的角度看待问题，以及调查周边的情况来锻炼自己。这样一来，因为你既能站在自己的立场思考问题，也能站在对方的立场思考问题，自然就更容易与对方产生共鸣。即便是相同的话语，当你在向他人传达的时候，是否抱有“这对对方而言有什么价值”“跟对我而言的价值一样吗”这样的意识对听者而言可谓有天壤之别。

另一方面，如果想要在行动方面与人产生共鸣，就必须养成熟悉对方工作内容的习惯，并且积极回应对方所提出的意见。我们的团队非常重视员工教育，新加入的员工如果有在餐厅接待客人的经验，工作起来就很容易上手，并且很快就能和大家打成一片。

为了让一起工作的人对你说“太谢谢了！你怎么知道要这么做”而努力吧！为了更容易与他人产生共鸣，一定要提高自身的“巫女力”，这样才能**与对方更加深入地交流，自己的设计理念也会有所提升**。

Wing wig

2015 年

为了癌症患者而研发的假发及沙龙品牌，100% 天然毛发。

希望能以发色为核心，尽量照顾癌症患者的心情，保护他们的隐私，守护他们的尊严与美丽。我与客户三田果菜先生对此颇有共鸣，故完成了这项设计。

客户：wing wig, Happy Beauty Project

wing
wig
GENUINE HAIR
ASSEMBLED IN KYOTO,
JAPAN

39

演示陈述时认真倾听

A presentation is the occasion for you to listen.

即便是在优秀的人当中，也有很多不擅长演示陈述，只能对着稿件一字一句照读的人。当你因为太想讲得精彩而拼尽全力的时候，你是否考虑过观众的状况呢？演示陈述其实是一种日常谈话的延展，如果跟一个对自己毫不在意的人讲话，自然不会觉得开心。

因此，如果说得极端一点，演示陈述其实没必要讲得很精彩。只要你能够将有价值的内容准确转达给对方，对方自然就会感到满意，不会计较一些细枝末节的问题。即便演示陈述的内容被否定了也没有关系，因为正好可以借此机会问清楚什么才是对方真正想要的，最好能够当场就跟对方一起讨论新的方案。

比起演示，人们通常会觉得访谈更加有趣，这是因为采访者会根据大家的关注点进行采访。这时，氛围一般都会比较融洽。因此，**演示的一大要点就是聆听对方的需求并进行演示**。如果对方不知道听什么，自然就不会好好听。我经常会在演示前用五分钟左右的时间与观众交流，询问他们“来这里想听什么”。这样一来，我就不再是做自顾自的演示，而是转变为在接受采访的状况。这样就能够将观众真正关心的内容切实传达给他们，自然就能够拉近与他们的距离。

演示的另一个要点就是你必须对自己所演示的内容深感认同。一般来说，演示时之所以会感到紧张，是因为担心自己所说的内容不能得到他人的认同。例如，在天气晴好的日子里说“今天天空真蓝啊”，就不会觉得紧张。

练习演示的时候，试着先自己讲给自己听，再将不流畅的地方予以调整。将对方真正想听的内容，通过自身深感认同的方式表述出来，这样才会蕴含使人相信的力量。

NEOLOGUE Office
2016 年
为积极筹办灾后重建活动的媒体活动家津田大介先生带领团队所做的 NEOLOGUE Office 设计。
天花板使用了在岩手震灾中被毁坏的木料，将物质中所蕴含的永恒的信息转化为空间。
空间设计灵活，可用作商谈会场。
客户：NEOLOGUE inc.

40

与他人一起尝试一个人无法完成的事情

Side with the other. Try what can only be done together.

由谁来做，对项目而言是非常重要的事。自己做不了，那找谁来做呢？**一个项目中必须有人有这样的使命感，并积极行动起来，才能使项目成功。**

例如，我们参与一个名为“调和”（aeru）的品牌塑造项目，这是一个向0～6岁的儿童展示传统工艺的综合性设计指导项目。但我们认为，单凭我们自己是无法完成的，为此我们拜访了日本国内的传统工匠，并邀请了真心期望传统工艺能够传承至未来的矢岛里佳女士参与其中，从而使之变得更有意义。另外，我们现在正与一位曾经主治肺癌、见过无数生死的医生合作一个关于禁烟的品牌的塑造，正因为有这样的人参与其中，项目才变得更有意义。

不仅要经常询问合伙人，也要常常询问自己：“自己是否应该做那些事情呢？”这也是非常重要的。如果有人可以做，就将其推荐出来，如果觉得不能做，就应该鼓起勇气拒绝。只有将同样认为必须要做的人集合起来，相互之间产生信任与共鸣，才能促成一个好项目。如果能遇到秉持决心与信念的同伴共同推进项目，那么，作为一名设计师，我们的工作就是去了解对方的心态及其所处的广阔领域，从而设计出与项目相适应的形体。通过与对方商讨怎样做才能使项目有所提升、什么样的未来才是理想的状态等，就能与对方达成一致的见解。不仅是合伙人的想法，设计师还必须对制造者的想法、商家的想法、用户的想法等一一进行思考与理解，这样项目成功的概率才会有质的飞跃。

在你的内心深处，真正最想要做的事是什么呢？试着去寻找一下吧，为自己真正想做的事、真正应该做的事，做好万全的准备。未来的某一天，当拥有同样想法的人集合起来时，彼此间一定会觉得相见恨晚，这样一来，就必定能完成自己一个人无法完成的、如同繁花般绚烂的伟大事业。

aeru meguro
2014 年
面向 0 ~ 6 岁儿童的传统品牌“调和”的首家直营店——“调和·目黑店”的店面空间设计。
通过改变书架的造型，使得这个有限的空间能够举办发表会及进行季节性主题销售等。
客户：aeru company

41

教授他人也是一种学习

Teaching is learning.

当你所掌握的技能渐渐增多的时候，**如果你还希望获得更多的成长，我推荐教授他人这一方法**。即使自己还不太熟练也没有关系，请试着将之教授给他人。

人们只能理解自己有实际经验的事物，例如骑自己车的窍门，好像很难准确地表达出来。这种诀窍是通过你身体力行，而后变成只可意会不可言传的技能的。而教授他人的过程，则是将这种只可意会不可言传的技能转换为简单的语言及形象，而后传达给对方，也就是将其转换为一种可理解的形式。因此，**教授这一过程对于教授方而言也是一种高效的学习方法**。具象化的智慧会成为你进一步思考的基石，从而实现更深层次的理解。我自己因为想要加深对设计的理解，便将我所整理的设计思考方法综合为一门名为“设计的语法”的课程。在准备这门课程的过程中，我学到了非常多的东西，感觉此生都不会再为“如何设计”的问题而苦恼了。

实际开始教授的时候，一般都会遇到无法将自己的所思所想很好地传达给对方的问题，并会因此感到失落。想将自己的体验告诉对方却难以传达，即便是实际示范给对方看，对方好像也不能立即理解。造成这种情况的原因，可能是你没能将你的想法具象为对方可理解的内容，也有可能是你的速度太快，超过了对方能够理解的速度。这时就需要你仔细观察，哪些内容传达到了，哪些没有传达到，反过来再调整你的教授方法。这个过程会让你学到很多东西。不断思考传达失败的原因，总有一天你会跨越自己与他人之间的鸿沟，找出能够沟通的衔接点，从而成为该领域的专家。这与创造面向大众的设计具有相同的本质。

教授他人的过程能够帮助我们梳理自身模糊不清的思考与认知，并且能够在短时间内检验是否能够将其成功传达给他人，可以说这是再好不过的学习过程了。

Grammar of Design

デザインの文法

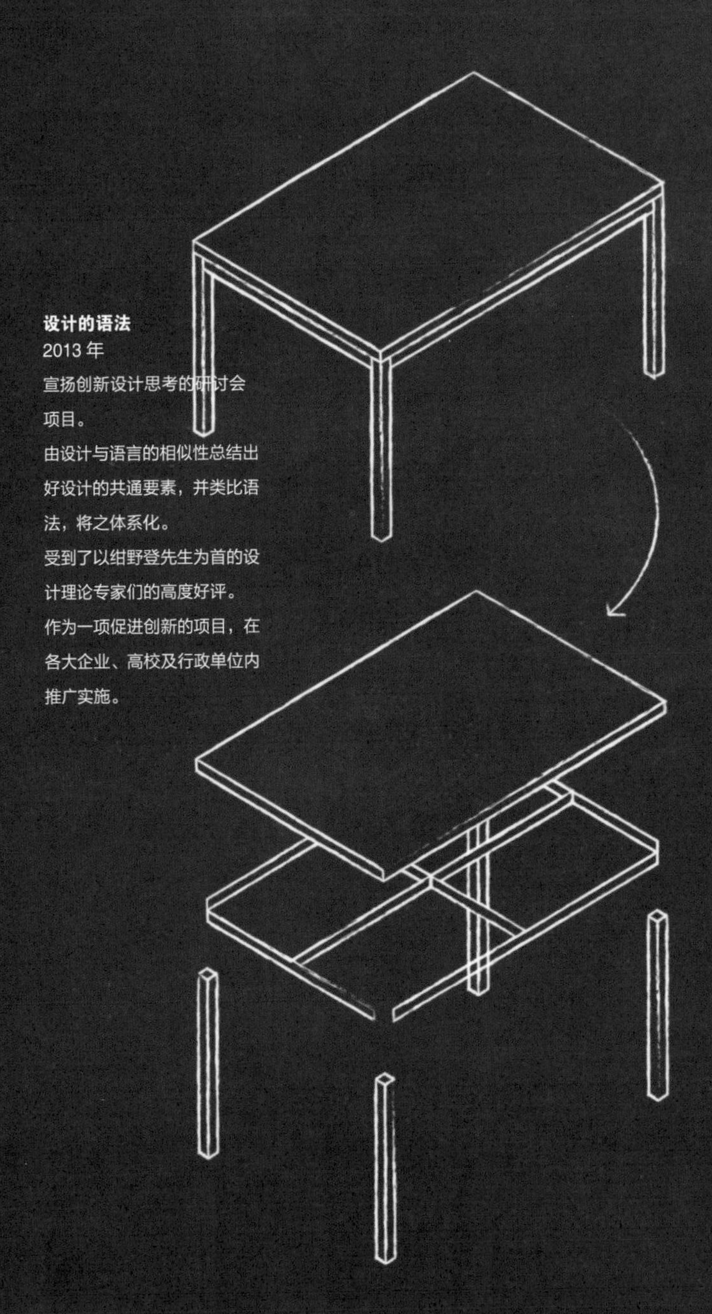

设计的语法

2013 年

宣扬创新设计思考的研讨会项目。

由设计与语言的相似性总结出好设计的共通要素，并类比语法，将之体系化。

受到了以纽野登先生为首的设计理论专家们的高度好评。

作为一项促进创新的项目，在各大企业、高校及行政单位内推广实施。

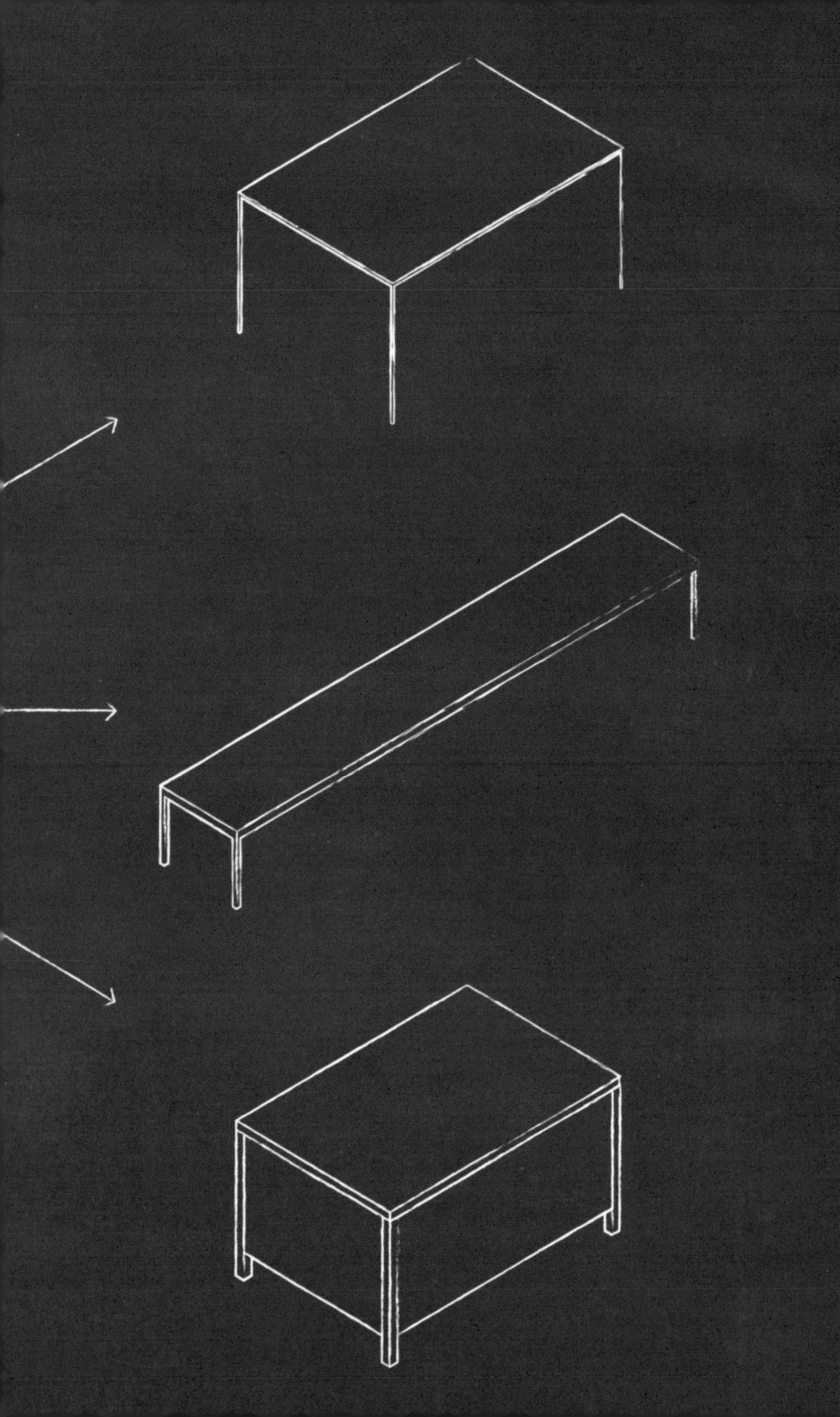

42

弱化等级关系，建立独立自主的团队

Reduce hierarchy and build an independent team.

创建优秀的团队是所有公司共同面临的课题。你们之中肯定也有人曾为如何领导好团队而苦恼过吧！我最近突然想到，这其中的原因可能是等级关系（上下级关系）。

团队就像一个大家庭，彼此之间长时间共事、相处。团队的领导就像是父亲一般，在一个家庭中，如果父亲被过度尊崇，那么这个家庭很可能就不会很幸福。同样，如果团队中的等级关系森严，团队成员就会缺乏自主性。“没必要自己来做吧”“反正会被否决”“到底由谁来决定啊”……由此一来，即便是相关人员也会感觉与自己无关。因此，尤其是**团队管理者，一定要有意识地放低姿态，坦率地将自己的谦虚与不足表现出来**。能够信任下属，并与下属进行商谈，这样“不完美”的领导才更受爱戴。

例如，在漫画周刊 JUMP 上连载的漫画《海贼王》中，作为船长的路飞就没有与船员们建立上下级的关系，同乘一艘海贼船的各个成员都有其擅长的领域，彼此信任、相互依赖，这是一种非常好的团队模式。**想要发挥出一个团队整体的综合水平，就需要创建每个人都能从自己的角度自由讨论的环境氛围，这样设计理念也会得到进一步强化**。领导者的一项非常重要的工作，就是创建让各个领域的专家都愿意留在这里进行思考的工作环境。

如果能在消除等级关系的基础上拥有相同的目标，那么这个团队就会变成一个理想的团队。刚开始，也许并不是每个人都具备主动性。因此，千万不要做出“听我的就可以了”“你这里有错，还是按我的来”之类的指示，要与各个成员一起讨论项目的内涵，明确各自的工作内容对项目的意义，这样就能慢慢培养起团队全体成员的使命感。

到了那时，项目就不再是为了别人而做，而是每个人为了自己而努力。

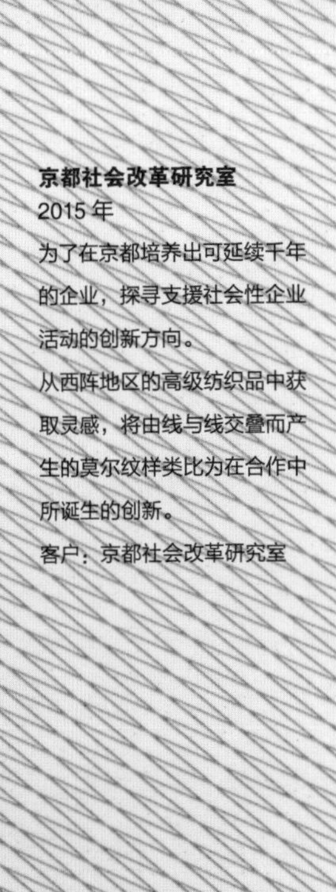

京都社会改革研究室

2015 年

为了在京都培养出可延续千年的企业，探寻支援社会性企业活动的创新方向。

从西阵地区的高级纺织品中获取灵感，将由线与线交叠而产生的莫尔纹样类比为在合作中所诞生的创新。

客户：京都社会改革研究室

IAL
RVATION
RATORY

ベーション研究所

43

在一个团队中相互学习、相互尊重

Learn from and respect each other as a team.

NOSIGNER 也经历过创业数年后，为团队建设不如意而苦恼的时期。因为业务繁忙，我们非常需要新成员加入，我就雇用了一些与我相似的人。对于这些员工，我经常质问他们“怎么就做不到呢”“怎么会没有注意到呢”，一旦跟预想的不一样就会发火生气。这样一来，彼此之间便慢慢疏远了，逐渐产生了等级感。

又过了几年，NOSIGNER 慢慢成长为一个关系融洽、顽强自立的团队。我认为改变的契机在于我们的招聘原则发生了很大的变化。如今，我**时常留意那些比自己更优秀的人**。也就是那些能够做到我做不到的事、能察觉到我没能察觉到的问题的人。但凡有一技之长，都能赢得我的尊敬，加入我们的团队。就这样慢慢集聚了一批优秀的人才，发展成了我所向往的团队状态。也正是因为有这些人的加入，我才会想要为他们创造最好的工作环境。

在一支运动队里，常常会有各风格迥异的选手，企业用人也可以尝试参考这种模式。团队中的每个人都有自己的特色与专长，而不是随随便便就能够被他人所替代的。在项目中，为了能有更多创新的想法，一个团队就应该既有设计师，也有建筑师、研究员等各类成员，这样既能拓宽彼此的思维，又能各专所长，提高工作效率。

将能够完成对方所做不到的事的人集结起来，相互尊重，更容易达成共识。例如在 NOSIGNER，将三维空间设计师与平面设计师安排在一起工作，就会经常发生诸如“他们不知什么时候就学会了 CG 技术”之类的事情。他们彼此之间，既是对方的老师，也是对方的学生，团队自然就会慢慢成长起来。因团队多样性而造就的彼此相互学习、相互尊重，正是一个优秀团队实现长远发展的原动力。

Ginza Graphic Gallery 第 355 届企划展“NOSIGNER 造型与理由”
2016 年

在 Ginza Graphic Gallery 上的个展。我们发挥了 NOSIGNER 综合运用各种能力的强项，以“生物的进化：设计”为主题，展示了我们在设计领域内取得的突出成绩。

EVOLUTION

44

建立多样化的小团队

Build a small team with variety.

请想象一下 20 个人一起开会的场景。大家围着一张巨大的桌子，有人在大声地发言，大部分人在一言不发地听着……很可惜，在这样的会议上是不可能产生什么有价值的想法的。被大企业病所困扰的大型企业，如今多是这种状态。

要想在会议上产生有意义的想法，有几个小诀窍。

首先，将与会人数减少。请想象一下大家一起出去喝酒，干杯之后，大家便自然而然地分散为四人以下的小组进行交谈。如果是 8 个人围坐一张桌子，肯定会有人一言不发，如果将 4 个人分成一组就不会这样了。人数太多的话，就很难一起说话聊天。开会也一样，如果能分成 4 人以下的小组进行讨论，之后再将各组的意见整合起来，就能得到更多的想法和意见。**“三个臭皮匠顶个诸葛亮”这个谚语，也许也包含了人数太多就不行的意思吧**！

其次，要保证成员的多样性。如果都是同一部门的人员参会，可以得到的信息量就很少，也就不容易产生新想法。所以应尽可能地让不同部门的人一起参会，从多种视角出发，相互交流，自然就更容易产生新想法。

最后，一定要削弱个人专权。如果有人强硬地表示“这是我的想法”，其余的人自然就没什么干劲。整合大多数人的意见而得出的想法，就不能归属于特定的某个人。自己的意见也被采纳其中的想法，最终归属于整个团队，这样才能提起整个团队的干劲。

“人数少而多样性强的团队”这种组合方法，不仅适用于公司会议，也能在各种情况下发挥相应的作用。各个成员从不同的角度反复审视想法的可能性，就能使设计的各个细节部分逐渐明晰。此外，一旦有了新想法就主动与身边的人分享，就能不断地充实自己。这样的团队，很容易实现“三个臭皮匠顶个诸葛亮”的效果。

OPEN SOHKO DESIGN

2015 年

为了方便想要改造仓库或其他建筑物的人，将家具制作或改造的设计图纸放在网络平台共享，所有的图纸均可以下载。其中最具代表性的作品是一个可以展开为一整套办公家具的方形立柜。

客户：Re-SOHKO Inc.

45

支持志同道合的人，并与他们合作

Encourage those with common goals; cooperate and collaborate.

在这个世界上，应该有很多与自己目标相同的人。他们是我们的朋友，还是我们的对手呢？现代社会是一个竞争型社会，崇尚个人主义，设计师也不例外，常常会将竞争对象当作自己的对手。然而，**如果你可以不将这些人当作对手，而是去支持他们，你就会发现，自己的世界变开阔了。**

如果你能支持与你志同道合的人，自然在你四周就会形成大家相互支持的氛围。这样一来，就能形成一个为达成共同目标而相互分享、相互切磋的群组，这就是团体。

话虽如此，经常也会出现目标相同的人虽然集结在了一起，但是反倒会出现内部争斗的现象。团体内部人员为了争取更高的地位，慢慢就会形成等级制度。无论是在学习小组还是职能部门，这种情况常常发生。之所以会这样，是因为这种团体的目标太过短浅，这种情况下，**为了造就一个真正的团体，就必须树立远大的目标**。这种目标是单凭个人之力无法完成的。为了实现这个远大抱负，必须依靠大家的力量，这样才能形成真正的团体。

那么，怎样才能结识志同道合的人呢？在当下这种互联网时代，很多人都能收到来自世界各地的信息。若你将自己“这个人举办的这个活动简直太棒了”的想法表达出来，总有一天能传达到对方那里。也就是说，如果你能一直支持与自己志同道合的人，终会慢慢与那些人建立联系。

我自己一直希望能够通过设计的变革来塑造一个更美好的未来，世界上一定有很多持有这一想法的设计师。我希望能早点认识他们，早点去看看他们所做的设计。我一直坚信，只要大家能够相互支持，终有一天我们能发起设计领域的变革运动，为社会的发展尽一份力。

SOCIAL
INNOVATION
DESIGN
FROM JAPAN
BEFORE
DESIGNER
OBJECT
AFTER
ISSUE
DESIGNER
OBJECT
Design in Japan is entering a new stage.
Japan is a country which faces many social challenges. The nation is burdened with a rapidly aging and diminishing population, coupled with the decline of local towns and cities. It is also highly prone to natural disasters, as symbolized by the unprecedented earthquake and tsunami on March 11, 2011. The risk of natural disasters exists in other countries as well; awareness should be raised on a global basis.
It is towards these issues where design can be a promising key. The realm of design is no longer limited to the visual and tangible, but now suggests solutions to other fields such as public administration, medical services and welfare. As more social issues surface, designers are faced with the following question: how can design help tackle such persistent challenges?
In this exhibition, we introduce creative solutions to social problems discovered through design by 5 Japanese creators. We hope you enjoy discovering the exciting new trends of design in Japan.
ISHINOMAKI LABORATORY
MAKOTO ORISAKI INTER_WORKS LAB
MINNA
NOSIGNER
UMA/DESIGN FARM
EXHIBITION DIRECTED BY
NOSIGNER
SUPPORTED BY
AODJ

Social Innovation Design From Japan
2015 年
从新的切入点解读社会问题，展示日本革新的设计展。
5 组日本设计师（包括 NOSIGNER），接受了新加坡国际家具展览会（IFFS）的邀请参加展示。
出展方：Makoto Orisaki, Minnna, Ishinomaki Laboratories,UMA design firm, NOSIGNER
赞助：Japan Foundation, Singapore Furniture Industries Council

CHAPTER 5

CREATING FUTURE VALUE

创造未来的价值

46

好运源于你的人际关系

Luck is shaped by your relationships with others.

人们常说“这个人运气好”“那个人运气不好”，似乎将一切都归结为运气。但事实上，运气是可以改变的。在此，我为大家介绍几种提升运气的方法。

跟“运气”相关的一个词叫“因缘”，人们常说“因缘际会”“时来运转”。**提升运气的关键，就在于强化你在社会中的“因缘”，也就是建立起良好的人际关系**。在这方面，我有几个小诀窍。

第一，具备多样性。如果你身怀多种技能，朋友各具特色，那么你所拥有的这种多样性就能帮助你提升运气。多样性能为你提供更多的选择，也能帮助你获得安定。请允许我以自己的公司为例，我们公司涉及建筑设计与平面设计两类业务，比起只从事单一领域的工作，这种复合经营为我们提供了更多的机会，人际圈也更为宽广。在人生中也一样，多样性与因缘有着强大的关联性。

第二，保持积极性。失败的时候，你是觉得自己运气不好，还是认为自己依然可以从中有所收获，这都取决于你自己。能够将减法转换为加法的人具备独特的个人魅力，而那些只会负面思考、将责任都推给他人的人，自然会慢慢被大家疏远。

第三，说出你的愿望。将你想做的事告诉身边的人，更容易获得他们的帮助。越是跟怀有同样梦想的人在一起，你离自己的梦想就越近。言语中存在“言灵”（言语的神明），只要你能说出来，愿望就一定会更容易实现。

第四，维系因缘。像贺年卡这类礼物，自古而来便是一种维系因缘的智慧。现在有了手机及网络，维系人际关系变得比以往更加容易，记得与你重要的人保持联系。

第五，表达你的谢意。因缘产生于人与人的交往之中，记得多对身边的人表达谢意，彼此间的缘分才会更长久。

在你践行了这五点之后还必须注意，“因缘”到底能否为你所用，最终取决于你平日所积累起来的实力。**为那一天的到来而时刻做好准备**，这是另一个大的诀窍。

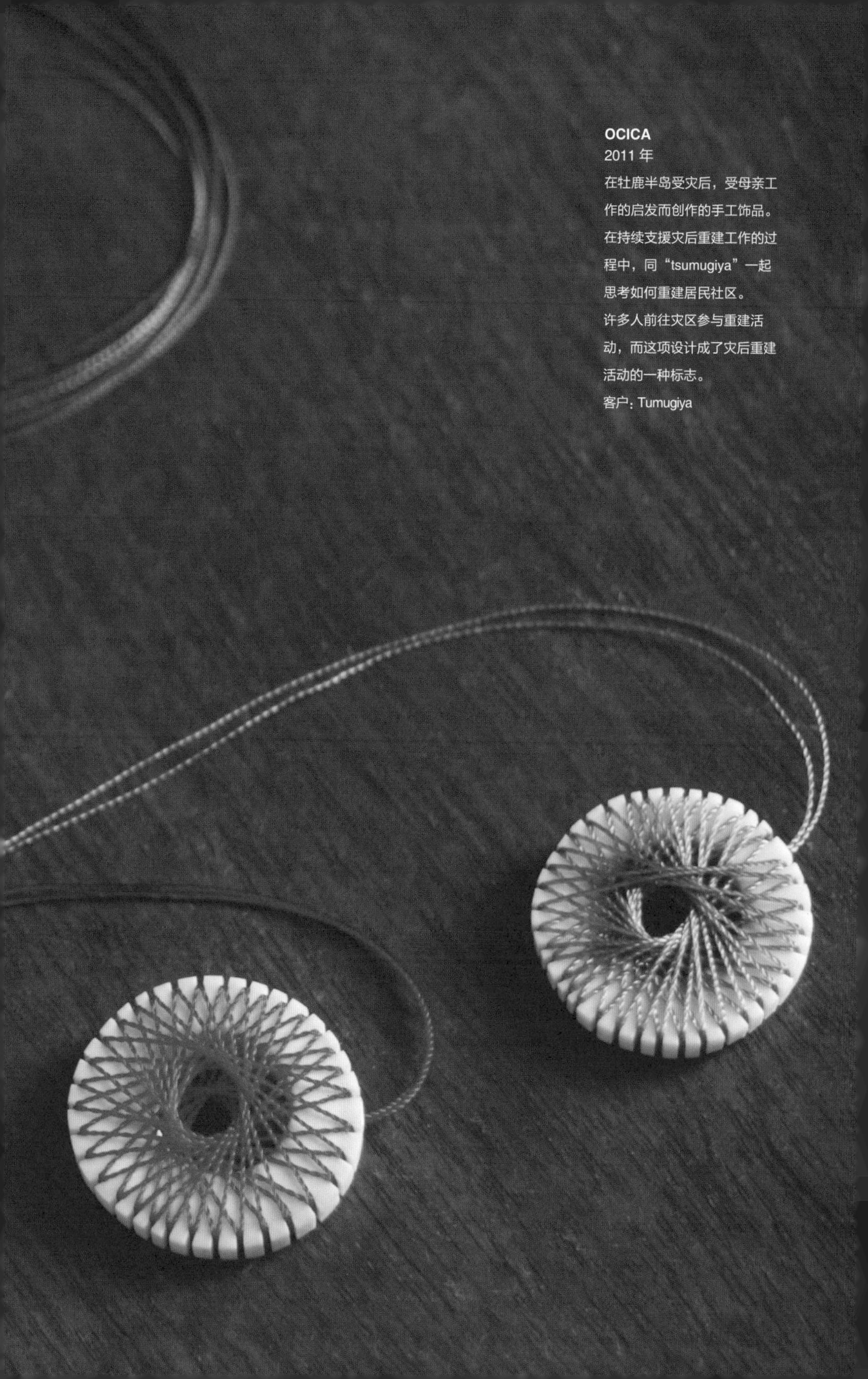

OCICA

2011 年

在牡鹿半岛受灾后，受母亲工作的启发而创作的手工饰品。在持续支援灾后重建工作的过程中，同“tsumugiya”一起思考如何重建居民社区。许多人前往灾区参与重建活动，而这项设计成了灾后重建活动的一种标志。

客户：Tumugiya

47

思考形体中所蕴含的因缘

Imagine the relationships that emerge from what you make.

设计，这一创造形体的行为，自公元前就出现了。**形体与因缘（关联性）本为一体**。例如，因为有屋顶，所以可以避雨，这种功能就是由因缘衍生出的形体。不仅如此，像“祈祷”这种抽象的因缘，也可以产生形体。当你有一个愿望，便会祈求因缘，而由因缘塑造形体的过程，便是造物。因此，图腾、印记及符号等常常会成为人们祈祷和求取因缘的媒介。我们的祖先，就以铭文的形式将何人为何创造出这样的形体等此类看不见的因缘记录下来。

然而当今社会，市场化席卷全球，形体与因缘之间的关系变得越来越脆弱。将制作相同的物品以相同的价格卖出去才是市场的主旋律。谁能将成本压至最低、价格卖到最高，谁就是市场的赢家。因此，说得极端一点的话，“只要是同样的 T 恤衫，无论是谁在哪里制作的都无所谓。即便存在强制劳动、大气污染及间接危害人体健康等问题，但是为了当下的利益，也就变成了顺理成章的事情”。最糟糕的是，这种想法是由市场自发形成的。为了利益，效率才是关键。这样一来，因缘就被切断了。

在这种无缘社会中，虽然市场经济带领人们取得了丰厚的发展成果，但这样下去，我们很有可能会被这个无缘社会杀死。贫富不均还在进一步加剧，这个世界上最富有的 62 个人所拥有的财富相当于地球上约半数人（约 36 亿）的财富总和。近些年来，很多人因大气污染而丧命。在这个无缘社会中，将缺失的因缘重新找回来是一项重大的课题。

NOSIGNER 这个名字，包含了我们是一群“创造不可见的关联性”的人的意思。**设计就是一项因缘造物的工作**。究竟为何、在何处、由何人如何制作出来，未来会在谁的手里，衍生了什么样的关联性呢？我希望自己能一直不懈努力，在不远的未来能够探索出因缘而生的形体。

TOKYO BOUSAI
東京都
LET'S GET PREPARE
今やろう。
災害から身を守る全てを。
東京都
防災
ET'S GET PREPARED!
東京防災
今やろう。
災害から身を守る

东京防灾手册

2015 年

由东京都舛添都知事提议，向都内人员派发了 750 万册《东京防灾手册》，我有幸成为这本宣传册的设计师兼编辑。

该手册运用了漫画、插图等多种手法，希望能引起那些对防灾不感兴趣的人的兴趣，提高防灾意识。

客户：Tokyo Metropolitan Government（东京都）

合作：DENTSU INC.

48

为未来创造价值

Create value for the future.

人活着，就需要有价值。**所谓价值，是指人与周围环境之间建立良好的互动关系，而创造这种价值即为设计的终极目的。**

我们现今生活在一个由市场主导的、缺乏远见的社会里。货币作为衡量价值的基准，其与价值之间的平衡已遭到破坏，因而未能有效地发挥其功能。用手创造价值的人的数量在不断减少，而市场收益率最高的却是商业（包括不断扩大贫富差距的“金融商业”、破坏价值的“战争商业”、加重环境负荷的“公害商业”等），这是何等令人绝望的状态！市场的失控可能是人类历史上最大的失败。这种不良影响导致了公害问题、人口爆炸、粮食危机、灾害发生率急速上升、难民问题、能源问题及生物多样性丧失等问题，甚至已经到了危害人类历史发展的程度。

经济，即经世济民，原本是指社会繁荣、百姓安居的意思。在当下这种社会形势不稳的情况下，世界经济若要重新回归这种精神内涵，就需要那些能够带来创新的关联性的改革者们行动起来。而对于创新而言，设计是不可或缺的。留存于历史的设计，包括20世纪30年代出现的现代主义，以及60年代后涌现出的多种设计思潮，均产生于两次世界大战之后，是人们在混乱时期寻求出路的结果。我个人坚信，从现在到2030年，一定会出现新的设计，让历史再次铭记。

未来所必需的价值是什么呢？也许是投资社会价值的新型金融，也许是能跨越差距的组织团体，也许是新型能源……**将新的想法具象化，并将之传达给社会全体的那一刻，一定可以催生前所未有的创新设计吧**！而我希望，不仅仅是我，我们每一个人都要为创新而努力。

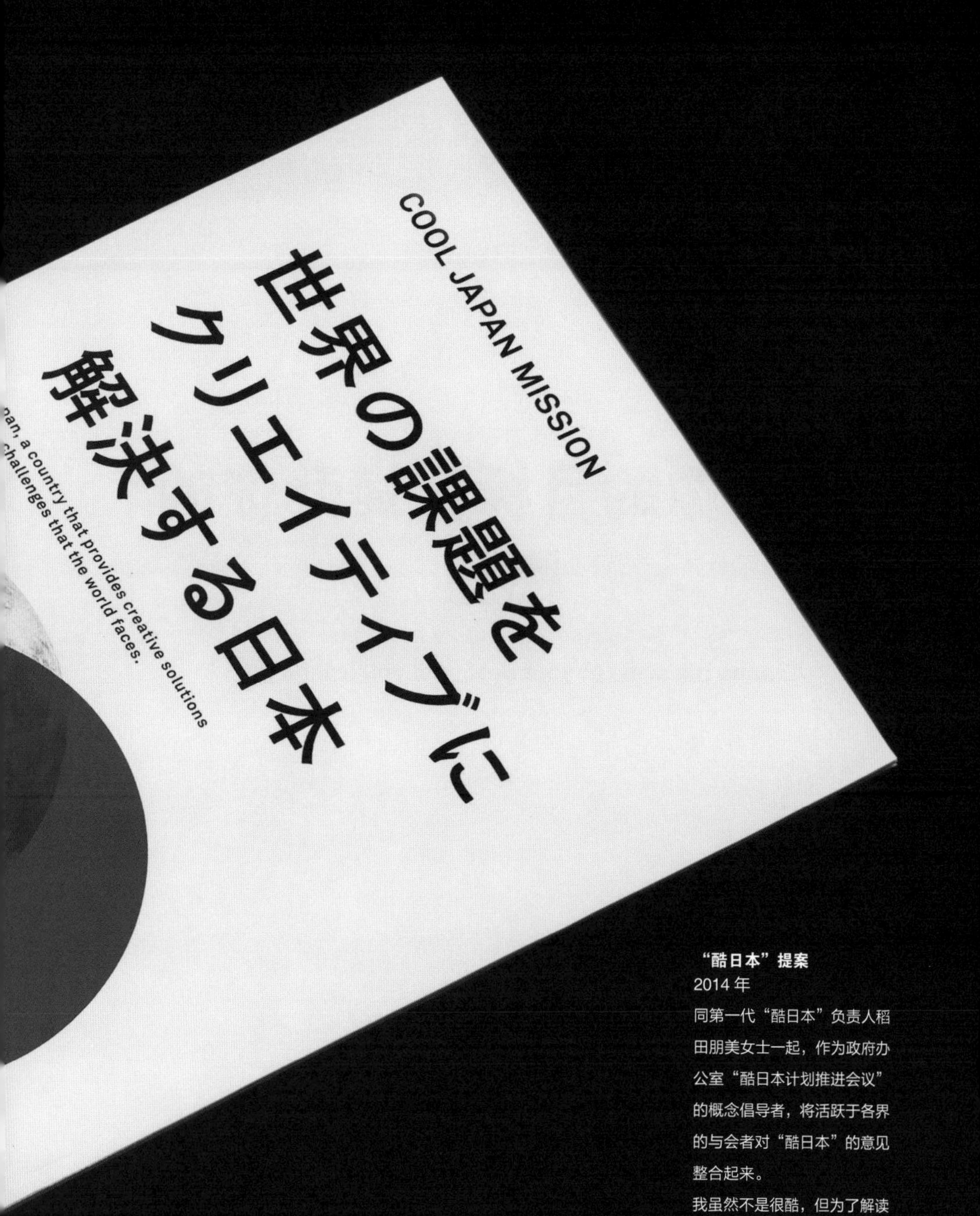

“酷日本”提案
2014 年
同第一代“酷日本”负责人稻田朋美女士一起，作为政府办公室“酷日本计划推进会议”的概念倡导者，将活跃于各界的与会者对“酷日本”的意见整合起来。
我虽然不是很酷，但为了解读“酷”的内涵，发表了“以创新解决世界问题的日本”的会议宣言。
客户：Cabinet Secretariat Japan（内阁官房）

49

扩大你的目标，提升你的愿望

Expand the scale of your goal until you feel no greed.

空海大师在1200年前就留下了“大我大欲”的话语，其含义为“尽可能扩大自己的欲望”。另外在佛教中，也有“大欲得清净”的说法。

由此可见，大的欲望不是什么坏事，反而可以给人带来清净，这听起来似乎有点难懂。我是这么理解这句话的：比起“自己”的幸福，还是“大家”都幸福更好；比起自己成为有钱人，还是自己所住的街区变得繁华更好；比起自己变成一名知名设计师，还是出现更多能探索设计的可能性、为社会创造价值的设计师更好。

如果能实现大的愿望，自己的小心愿自然也会实现，因此具备超越自己的大目标是非常重要的。难道不正是这个意思吗?

实际实现目标的时候，相比自身的现状，如果能想象出超出现状的愿望，常常会发现隐藏其中的本质问题。要想树立更远大的目标，就要多去注意各种不同的视角，自己的视角、自己所属团体的视角、国家的视角、时代的视角及地球的视角等，这样才能开阔自己的眼界。当你再回过头来思考自身时，所见的世界就会有所不同了。大的愿望中往往也包含着他人的愿望，当你试着去实现它的时候，自然就更容易与他人产生共鸣，也更容易得到他人的帮助。

设计这项工作的妙处就在于你只能从身边的细小事物着手。虽然制作的每一个细节都很小，但不知什么时候它就能帮助你实现大的愿望了。

在大的愿望与小的行动中不断往复，能够切实看见大的愿望一点一点被实现，这就是设计。因此，在现代从事设计工作的人，我希望你们能树立超越设计领域的伟大目标，并积极投身于社会革新的伟大事业中。

OLIVE
2011年
开设于东日本大地震灾害 40 小时后，是一个将受灾时有用的知识整合起来的维基站点。聚集了来自国内外祈祷灾区平安无事的众多支援者，作为一项活动广为传播。
仅在震灾后一个月内，就有 100 万人登录网站，如果将报纸及电视等媒体包含在内，能够将信息传送给近 1000 万人。在《东京防灾手册》的第四章也有关于活用“橄榄计划”的内容。

OLIVE
http://www.olive-for.us/
オリーブ
いのちを守るハンドブック

50

从文脉中学习，创造新历史

Learn from context, and contribute to the history of creativity.

我们在“创造全新价值”这项工作之外，还必须以史为鉴、超越对手。设计师、艺术家，当然也包括经营者在内，所有的表现者都存在于历史的文脉之中。无论拥有什么样的创造力，创作出什么样的事物，我们都必定是受到来自过去的某种影响，同时，也会给尚未可见的未来带去某些影响。

这里所说的文脉，是指思想的历史思潮。就设计史来说，从产业革命后的现代主义开始，经历了战争技术的革新，20 世纪 60 年代推崇将技术及美学意识民主化，从而涌现出的多种设计思潮，后来又经过对历史文脉的再解读，20 世纪 80 年代出现了后现代主义及互联网革命所带来的交互设计等，这些名垂青史的设计，都是诞生于其所处时代的社会关联性之中，并引领历史走向新的方向。仅仅固守传统是无法引领新历史的，只有通过从传统的文脉中学习，同时加入创新，才能创造新的历史。

因此，**创造者必须从历史中学习**。仔细观察历史，观察那些时期中为创新而奔走的人们的活动。创造新的文脉，也就是创造新的智慧。虽然技术发展每年都有革新，但人类根本的思考方式，这两千多年来都不曾改变。因此，即便是公元前的兵法，现在依然可以被应用于经营活动中。**在永恒的时间轴内放飞思绪，创造全新的事物，可以说是一种对创造未来历史的贡献**。

从悠久的历史之中，你是否意识到自己如今正在创造新的历史呢？你希望在这文脉之中置入什么样的创新，将什么贡献于所创造出的历史呢？你想向未来提供什么样的价值呢？只有持有这种自觉的人，才能创作出改变历史、引领未来的事物。

第二救援

2014 年

活用东日本大地震中受灾者的经验，与宫城县的企业共同开发的防灾套装。

尺寸小巧，可放入书架，内部备有可维持 48 小时生存所必需的物资及“橄榄计划”的精选信息。

希望未来的东北是世界上防灾产业最核心的区域，这是将其作为最初的产品而设计的。

客户：KOHSHIN SHOJI CORPORATION

BOILED SWEET POTATO
THE SECOND AID
いのちを
守る
防災ボックス
COMPACT
EMERGENCY
BOX
BOOK
EMERGENCY BOOKLET
GOODS
FOODS
EMERGENCY FOOD AND WATER
BOILED SWEET POTATO
DRINKING WATER
SPORK
STRAW
EMERGENCY GOODS
ALUMINUM SHEET BLANKET
PENCIL WITH CLIP
MATCH AND CANDLE
MASK
TOILET KIT
WIPES
WET TOWEL
簡易トイレキット

后　记

我想写一本自己在 15 年前非常想读的、可以在人生道路上指引我不必走弯路的书。这本书涵盖了我迄今为止所习得的设计、创新及所有我认为对人生而言非常重要的事情。那些曾经所经历过的一切一幕幕浮现在我眼前，但真正开始下笔的时候，却尽是些当下的话题。往往是在那些理所当然的事情上，我们会花费更多的时间去体会它们的真正含义。

好的创新，能够衍生出通往美好未来的关联性；好的设计，则是将这种关联性如实展现为美好的形体。我希望能够真诚地追求这二者，通过自己的双手创造自己想要的未来。这就是“设计与革新”的核心内容。

自互联网出现以来，设计便朝向集体智慧的方向发展。未来的设计将不再仅仅由设计师完成，那个时候，设计应该会成为一种推动社会发展的核心哲学。进一步说，以社会设计活动为代表，设计将会朝向更广的领域发展。那样的未来设计究竟会获得称赞还是带来失望，目前还尚不可知。为了防止设计陷入低品质的境地，从现在起，集合集体智慧能否帮助我们树立起更远大的目标呢？为此，包括我在内的所有设计师都需要对自己的设计品质更加上心。

在 21 世纪的前 50 年，人们一定会读到科学家们对各种问题和矛盾表现得忧心忡忡的书吧！但与此同时，那些追寻设计的本质而做出优秀设计的人，那些引领社会变革的人，这样的人每多一个，我都会觉得我们距离所期望的未来更近了一步。如果这本书能为那些想要变革的改革者及想要做出美好设计的人带去些许灵感，就太好了！

最后，对那些与我们一起直面大的困难一起做设计的客户及合作伙伴，每天一起讨论、愉快共事的 NOSIGNER 的成员，既是朋友同时也是专业编辑、给予我许多好意见并尽心校对的兼松佳宏先生与饭田彩女士，一直以来给我带来了很多灵感与激励的重要朋友们，每天孜孜不倦地将我的一些零碎想法记录下来的新田理惠，以及在不久的将来，将为我呈现出我所期待的设计的读者们，致以最诚挚的谢意！

太刀川 英辅

NOSIGNER 法人，2017 年《设计与革新》出版印刷后由太刀川瑛弼改名为太刀川英辅。毕业于庆应义塾大学研究生院理工学专业，在学生时期(2006 年) 创立了设计实验室 NOSIGNER，秉持“社会设计革新”（通过设计使社会朝向美好的方向发展）的理念从事各种活动。他运用自己对建筑设计、平面设计及产品设计等领域的深刻理解，通过综合运用多种技术提供综合性的设计策略，是一名综合设计顾问。他的这套方法在世界范围内得到了很高的评价，获得了包括“亚洲最具影响力设计大奖”“Pentawards 铂金奖”“SDA 大奖”“DSA 空间设计优秀奖”等在内的国内外 50 多项重要设计大奖。他发起了协助救灾的“橄榄计划”（OLIVE PROJECT），并作为日本政府推出的“酷日本”（Cool Japan）计划的概念总监，发表了“以创新解决世界问题的日本”的会议宣言。担任庆应义塾大学特聘教授、非营利组织法人理事、地域品牌协会理事。

EISUKE TACHIKAWA

Founding NOSIGNER while still a student, Eisuke Tachikawa is a design strategist who pursues a multi-disciplinary approach to design. Today, he serves as CEO of NOSIGNER, and strives to produce social innovation through his activities. He has provided a wide range of innovative design encompassing science and technology, education, local industries, and more. Eisuke's works have been acclaimed internationally, winning numerous global awards: Design for Asia Grand Award, iF Design Award, PENTAWARDS PLATINUM, SDA Grand Award, etc. He was also appointed as the concept director for the Cool Japan Movement Promotion Council by the Japanese government. Alongside his career as a designer, Eisuke is a passionate educator. He inspires students through his workshops on "Grammar of Design" and advice on design and innovation. He currently is a Distinguished Professor of Graduate School of System Design and Management , the Keio University.

NOSIGNER

NOSIGNER 是一个以“社会设计革新”（通过设计使社会及未来朝向更好的方向发展）为理念的设计工作室，是一个希望能发掘出大的问题、设计出社会所必需的美好关联性的团队。由此，NOSIGNER 即意为“设计不可见的事物的设计师”，并展开各项活动。其活动范围不仅包括平面设计、产品设计及空间设计等设计领域，甚至还包括构建商业模式、品牌打造等综合性工作。此外，工作室不是只有设计这一项经济事务，以协助救灾的公开型设计“橄榄计划”为代表，还积极参与开源设计、地域产业、科学技术、教育、可持续设计、文化交流等各种对社会意义深远的革新活动。

NOSIGNER 成员
(2017)
太刀川英辅、中家寿之、Andraditya D.R.、野间晃辅、长嶋元子、藤川穗、糸鱼川辽、安田健太郎、半泽智朗、木下雄贵、小竹良来、Kenny Walker、水迫凉汰、工藤骏、小松大知、锹田枝里

NOSIGNER is a design firm that identifies challenges in society and brings innovative solutions in return. Just as our name “NOSIGNER” stands for ‘professionals who design intangible things’, we work beyond conventional disciplines for a more holistic design. Through our works, we aim to create social innovation in various fields, including local industries, technology, education, sustainability, cultural exchange and open source design.

Web: nosigner.com

NOSIGNER Member
(2016)

Eisuke Tachikawa, Toshiyuki Nakaie, Andraditya D.R., Kosuke Noma, Motoko Nagashima, Sui Fujikawa, Ryo Itoigawa, Kentaro Yasuda, Tomoro Hanzawa, Yuki Kinoshita, Yoshiki Odake, Kenny Walker, Ryota Mizusako, Shun Kudo, Daichi Komatsu, Eri Kuwata

译后记

本书记述了太刀川英辅先生对于设计的50种思考，其中既有一些对具体设计方法的指导，也有一些对设计思考方式的探索。对于每一句箴言，他都结合他自己的亲身设计展开叙述，这既能帮助我们深入理解他的作品设计理念，同时也有助于阐释每一种思考的价值内涵。因此，无论你是受困于某个设计具体问题，还是对设计本身抱有疑虑，本书都能带给你些许设计灵感与启发。

太刀川英辅先生对于设计的思考，其实已经超越了设计的范畴。他的追求不仅在于设计出优秀的作品，更在于能够通过自己的所作所为，为社会带来改变，为人们带来更好的生活。希望在本书中文版出版后，有越来越多的人能从本书中了解太刀川英辅先生的设计思想与理念，也希望有越来越多的人加入到“为美好未来而设计”的行列之中。

在此，请允许我对在此次翻译过程中给予我支持与帮助的赵亚楠、卢青、赵能福、潘月等，致以诚挚的谢意。

赵昕

2017年6月

设计与革新
关于未来设计的 50 种思考

图片来源：

八田政玄（01、02 右、03、05、07、11、13 左、17、26、32、33、37、44）

太刀川英辅（NOSIGNER）（02 左、06、10、12、16、21、34）

佐藤邦彦（NOSIGNER）（04、09、15、18、19、20、22、27、30、42、43、50）

河野刚史（NOSIGNER）（08、13 右、23）

© YOKOHAMA DeNA BAYSTARS（14）

新田理惠（29、45、46）© aeru（35、40）下里卓也（36）

图书在版编目（CIP）数据

设计与革新：关于未来设计的50种思考 /［日］太刀川瑛弼 著；赵昕 译.
—武汉：华中科技大学出版社，2017.8
（时间塔）
ISBN 978-7-5680-2766-3

Ⅰ.①设… Ⅱ.①太… ②赵… Ⅲ.①产品设计–研究–日本 Ⅳ.①TB472

中国版本图书馆CIP数据核字（2017）第086689号

设计与革新：关于未来设计的50种思考
SHEJI YU GEXIN: GUANYU WEILAI SHEJI DE 50 ZHONG SIKAO

［日］太刀川 瑛弼 著
赵昕 译

出版发行：华中科技大学出版社（中国·武汉）
武汉市东湖新技术开发区华工科技园
电话：(027) 81321913
邮编：430223

策划编辑：贺 晴
责任编辑：贺 晴
美术编辑：赵 娜
责任监印：朱 玢

印 刷：武汉精一佳印刷有限公司
开 本：710 mm × 1000 mm 1/16
印 张：14
字 数：202千字
版 次：2019年5月 第1版 第2次印刷
定 价：78.00 元

投稿邮箱：heq@hustp.com
本书若有印装质量问题，请向出版社营销中心调换
全国免费服务热线：400-6679-118 竭诚为您服务